陳冠雄　巫麗蘭　黃瑞珍 著

《紅樓夢》與
家族企業管治

商務印書館

《紅樓夢》與家族企業管治

作　　者：陳冠雄　巫麗蘭　黃瑞珍
責任編輯：冼懿穎
封面設計：張　毅
出　　版：商務印書館（香港）有限公司
香港筲箕灣耀興道 3 號東滙廣場 8 樓
http://www.commercialpress.com.hk
發　　行：香港聯合書刊物流有限公司
香港新界大埔汀麗路 36 號中華商務印刷大厦 3 字樓
印　　刷：美雅印刷制本有限公司
九龍觀塘榮業街 6 號海濱工業大廈 4 樓 A
版　　次：2009 年 9 月第 1 版第 1 次印刷

ISBN 978 962 07 6425 7
Printed in Hong Kong

序一

歷久彌新的企業管治經驗

陳智思
亞洲金融集團總裁

一提起《紅樓夢》，相信大家都不會感到陌生，就算未讀過這本小說的，都必定聽過賈寶玉、林黛玉，或大觀園等名字。而這本寫在二百多年前有關賈氏大家族的文學巨著，原來蘊藏了不少家族企業的管理文化及理財哲學的精髓，可以讓現代人參考及借鏡；尤其在華人社會，當中有不少企業是由家族所控制的，正好混合了傳統和現代化的管理模式。

本書透過《紅樓夢》賈氏大家族當中錯綜複雜的人物關係、處事作風，以至家族的興衰過程等，分析其理財哲學、會計監控、人力資源和風險管理等，再套用到今天複雜多變的企業經營環境上；嘗試擴闊讀者的閱讀層面，鼓勵大家以新思維去思考當前所面對的商業及經濟問題。讀者既可以了解中國傳統的會計和管治模式，這是一般讀者所不熟悉又感興趣的；同時亦可以借鑒故事所引申的管理哲學，思考甚麼值得予以保留、甚麼須引以為戒，對現代家族企業的管理者具啟迪的作用。

我的公司也是家族企業，作為家族企業的承傳人，我深明在時代的巨輪下，傳統家族企業所面對的種種挑戰。更何況面對金融海嘯，不論是家族企業與否，都要時刻吸取嶄新的管理概念，與時並進，從而強化公司的管治水平，改善理財觀念、增強各方面的競爭力，在汰弱留強的環境下仍能使基業長青。本書使我們更了解傳統家族企業的管理文化，以及需要面對的各項挑戰。

序二

以小說透視家族企業管治

陳茂波
香港立法會議員（會計界）

《紅樓夢》是中國文學史上的偉大作品，陳冠雄教授、巫麗蘭教授及黃瑞珍博士透過研究小說人物如何打理家族的大小事務、會計監控和管理控制，探討現代家族企業管治的模式，這選題不但有趣，對於從事會計專業的我輩，未嘗不是一個嶄新的考事觀物角度。

曾經仔細閱讀《紅樓夢》的人可能不少，但是，作者突破了一般人只把《紅樓夢》看待為文學巨著或愛情故事的角度，而從現代企業管理的眼光，藉小說中大家族由榮轉衰的發展，透視華人社會家族企業管治的特色，趣味盎然。

榮、寧二府興衰之間所浮現的弊端，有不少值得現代家族企業借鏡之處。例如，王熙鳳監管家族奴婢，成功為寧府改善家務管理，也有助監督開支。她又能知人善用，不計較賈探春的出身，只要是有辦事能力的人才，她都會授權去做，這種管事手法，即使現代社會的家族企業都很管用。另外，作者由透過賈家設立義學和銀庫，談到今日華人企業如何發展公益事業和控制收支；又以現代簿記和內部審計的眼光，講解王熙鳳和賈探春面對龐大的家族財政時，如何進行財務管理和革新。然而，王熙鳳亦以權謀私，為賺取私己不擇手段，最終弄至自己身敗名裂，加速賈府的敗亡，相信任何一個現代家族企業的管理者都須要知所警惕。

作者透過古今對照，以小說的情節故事為佐證，用以說明現代家族企業的管治方法和理念，即使不曾閱讀《紅樓夢》的讀者，也能輕鬆了解箇中道理。

序三

古典文學的現代啟示

馮珆
國富浩華（香港）會計師事務所有限公司董事

《紅樓夢》是一部具有高度藝術價值的文學巨著，有着無比豐富的生活內容和思想意義，世界各地學者從不同層面對其作出深入的研究，不過，當中關於《紅樓夢》的理財哲學和管理理念方面之研究並不多見。本書銳意展現《紅樓夢》中傳統大家族的經濟形態，加以探討其管理監控模式及會計制度，內容深入淺出，是一部活用古典文學透視現代家族企業的趣味性之作。

家族企業在香港、台灣及其他華人社會是甚為常見的企業模式，對當地的經濟發展有着舉足輕重的影響。可是根據研究結果顯示，只有17%的家族企業運作能超越三代而繼續發展，所謂"富不過三代"是自古以來的名訓，家族企業的興衰，與其管治有着莫大的關係。《紅樓夢》中秦可卿說的"月滿則虧，水滿則溢"、"不思後日，終非長策"，告戒王熙鳳需要替家族籌劃未來，否則"盛筵必散"。小說中榮寧兩府所面對的問題，同樣亦可套用到現代家族企業的管理問題上。

本書從一個嶄新的角度，透過文學作品的描寫，加以悉心歸納和分析，總結了《紅樓夢》所體現的家族企業的財務管理和監控制度，還讓讀者認識到中國傳統的會計制度，以及當時社會的經濟活動等，可說是別具一格的著作。本書無論是對有興趣研究《紅樓夢》的讀者，或是家族企業管治者來說皆不無裨益，極具參考價值。

目 錄

前言

研究家族企業管治的新觀點

我們撰寫本書，並非只因為《紅樓夢》是中國小說的經典，而是因為曹雪芹在這部作品中呈現出翔實可信的歷史面貌，反映了清朝康乾盛世的社會境況。作者細緻地描繪當時社會生活的各個方面，廣泛地、深入地描繪了當時的主流文化、政治、經濟、社會結構和家族企業管治的實際情況。我們嘗試從這本小說，整理出中國18世紀家族企業的理財哲學，及其會計監控和管理控制模式，特別是這方面的文獻尚未有所發現，本書顯得特別有意義。

對一般閱讀文學的讀者來說，看《紅樓夢》時往往不會留意滿清皇朝時期的家族會計監控和管理控制。就算是一向研究中國會計的學者，往往也把焦點集中於1979年以後的經濟改革，從他們的研究我們可以看出：單靠中國傳統舊式的理財理念和管理控制的方法，已難以適應改革後經濟快速的發展所帶來的繁重任務，從而迅速地搬用西方的會計和控制模式。

隨着時代的轉變，社會形態的變化，經濟結構的變革，這種改變是必然的。但是，西方的理財理念和管理制度也不是完美的。中國19至21世紀的家族企業，於採用西方的管理控制模式之餘，仍然保留了一些傳統模式。傳統控制模式和西方管理控制模式的結合採用，使很多台灣、香港的家族企業得以成功。這些成功的經驗，在改革開放以後的中國國營企業也逐漸採用。因此，從事傳統管治這一方面的研究，對於中國現今的企業管治是有一定的參考價值，特別是家族所控制的企業，在華人社會一直有重大的影響力。例如在香港，恒生指數所包括的 42 家藍籌公司，超過三分之一是家族所控制。由此可見，家族企業歷久不衰，研究其理財理念以及會計和管控模式，對認識和提高中國當代企業的實際管治是非常重要的。

今天，《紅樓夢》已被翻譯成各種主要語文版本，成為世界各大學所必讀的中國古典文學。我們嘗試從新的角度，根據清朝初期的社會情況和經濟環境，深入分析和歸納小說所記載的內容，合理地解釋當時的經濟現象和管理模式，並總結其制度的特點及其不足之處，以資借鑒。透過這方面的分析研究，可為建立新的財務會計和管理系統，提供新的參照和意念；同時透過文學作品的真實描寫，使我們對古代不同社會環境下的家族管治模式、會計制度和財務管理控制，有一種更具體且真實的認識，從而引發學生更大的學習興趣。因此，本書可作為學習會計及管理的新教材，亦為研究管理會計及家族企業管治提供了新的觀點。

蒙香港嶺南大學提供部分研究資助，使這項研究得以順利完成。同時，承商務印書館（香港）編輯部協助出版這本專書。他們的專業意見與經驗，使我們獲益良多，謹衷心致謝。

本書引用《紅樓夢》內容的章回索引

第二章　《紅樓夢》與家族會計制度	《紅樓夢》章回
寧、榮二府的家勢、經濟脈絡	十六、四十八回
王熙鳳的高利貸	十一、十六、三十九、七十二、一〇四、一〇五、一〇六回
賈府經常性的支出	三、三十六、四十五回
家族的公益支付	九、五十三回
賈府的會計制度	八、十一、十四、二十二、五十六回
第三章　王熙鳳的管治風格與會計監控	
王熙鳳的才幹	二、六、十三、十四回
王熙鳳的管治風格及會計監控	十一、十三、十四、二十三、二十四、八十八回
第四章　賈探春的財政改革與管理會計	
賈探春硬朗的工作風格	五十五回
賈探春如何開源節流、知人善任	五十五、五十六回
薛寶釵如何提高職工福利，以提高工作效率	五十六回
薛寶釵主張需要知識修養，作為理財理念和管理模式的基礎	五十六回

第五章 《紅樓夢》對現代家族企業管理的啟示	
大觀園的揮金如土	十三、十六、三十九回
子孫難成大器以繼家業	四、五、四十八回
賈府積累的弊端	一〇六、一一四回
寧、榮二府的財政危機	五十三、七十二回
賈母如何處理賈府瓦解的危機	一〇七回

附錄：《紅樓夢》所反映的中國傳統倫理觀	
寧、榮兩府的一夫一妻多妾	三十九、四十六、五十五、六十回
嫡出和庶出的區別	二十、二十七、五十五回
男尊女卑	四、七十四回
主子與奴婢的關係	三、十九、二十三、四十三、五十一、五十五回

第 *1* 章

家族企業在
華人社會的重要性

家族企業在**華人社會的重要地位**，以及其對社會和對經濟的發展所造成的影響是有目共睹的。中國長期處於一個以家為本的社會，大家族在各個時期都發揮極為重要的作用，不僅主宰當地的經濟命脈，對當地政治生態也有着相當重大的影響。在《紅樓夢》這部小說中，當時在金陵地區就有賈、史、王、薛四大家族，不僅雄霸一方，左右着當地政府施政，就是官府也得看他們的臉色，不敢得罪他們。

賈雨村出任應天府，因為不了解當地大家族的影響力，差點兒就出了問題。薛蟠因為與人爭買丫頭而打死了人，本應判罪，但官府卻畏懼薛家的權勢而不了了之。從《紅樓夢》第四回"護官符"之說：賈不假，白玉為堂金作馬；阿房宮，三百里，住不下金陵一個史；東海缺少白玉牀，龍王來請金陵王；豐年好大雪，珍珠如土金如鐵（按：依次指賈、史、王、薛四家），更見這賈、史、王、薛四大家族在金陵是如何顯赫。他們彼此不但同朝共事，而且有姻親關係。舊時代的婚姻講求門當戶對，通過婚姻的紐帶來建立和加強家族與家族之間的關係。賈母（賈代善的妻子）就是來自名門史侯家，賈政之妻王夫人來自望族王家，她的哥哥王子騰在朝為官。薛姨媽和王夫人是姐妹。這四大家連成一氣，對當地的政治、社會和經濟生態有着巨大的影響。（賈府家譜請參圖 1）

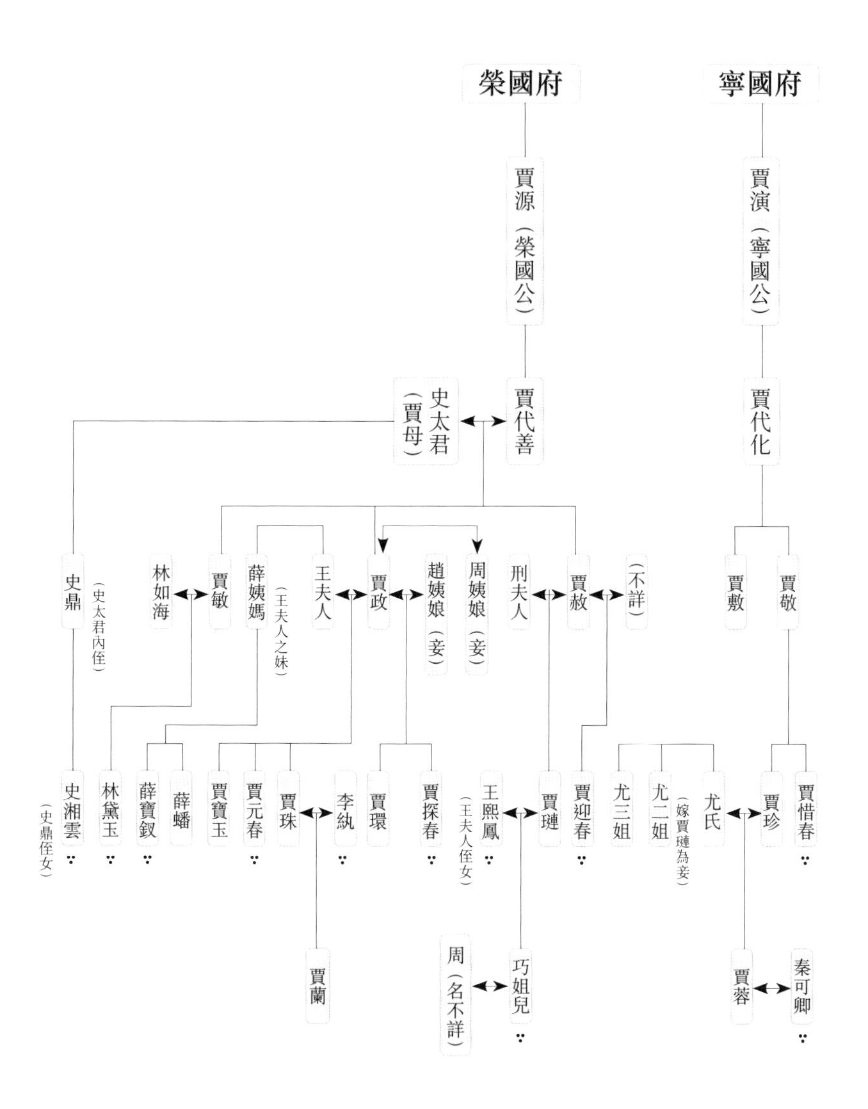

∵ 金陵十二釵（尚有一釵為金陵攏翠庵尼姑妙玉）

←→ 夫妻、繼妻、妾

│ 上下代之關係

圖 1　賈府家譜

這種傳統官僚家族企業一直影響着中國政治和經濟生態。例如，民國時期，蔣介石、宋子文、孔祥熙、陳立夫等的四大家族幾乎左右着整個中國的政治和經濟的命脈。就是今日華人的家族企業，很多都是與政壇商界廣建關係的。

港、台華人家族的影響力

在香港，家族企業不少是因為政治的動盪而從國內南遷香港；也有從海外到香港開拓事業的。香港早期，諸如周壽臣家族、何東家族，對香港華人社會極具影響力。上世紀 50 年代，更多的家族企業從國內遷來香港，以求繼續發展，現在仍然活躍在香港工商界的四大家族 —— 董氏家族、唐氏家族、榮氏家族、田氏家族，都是解放前在國內創業的家族企業。董氏家族是由有"船王"之稱的董浩雲在上海創業，後遷香港繼續經營，其長子就是香港特區首任行政長官董建華。唐氏家族也是上海家族企業，從事織造業，為唐翔千所建立，其子唐英年為現任香港特區政務司司長。田氏家族也是來自上海，田元灝白手起家，有"一代褲王"之稱，其子田北俊、田北辰繼其業。田北俊現任中國人民政治協商會議全國委員會委員，曾出任自由黨主席，並歷任香港立法會議員。榮氏家族來自無錫，由榮德生、榮宗敬兄弟創業，被譽為中國第一商業家族，其家族成員如榮毅仁等被稱為紅色資本家。開放改革以後，榮毅仁曾出任國家副主席，地位顯赫，其子榮智健曾多次當選全國政協委員。四個家族在政商界的成就各有千秋。泰國華僑陳氏家族也是在上世紀 50 年代到香港尋求發展機會的。創業家長陳弼臣在泰國白手起家，為曼谷盤谷銀行創辦人之一。於 1955 年派當年 23 歲的長子陳有慶到香港拓展生意。陳有慶縱橫商海，並連續四屆出任香港區全國人大代表。時至今日，家族企業依然雄霸香港各個行業，特別在地產市場，郭氏的新鴻基集團、李氏的恒基兆業等，規模甚大；在香港每七個私人住宅單位當中，便有一個是由李嘉誠的長江實業集團所發展，長實更是地產業界羣雄之首。航運業除了董家的東方海外（國際），還有包氏家族等。家族企業對香港經濟形勢，以至政治生態都不能不說有極大的影響力。

在台灣，家族企業早於晚清、日據時代已扮演重要角色，其中五大家族：基隆顏家、霧峰林家、板橋林家、高雄陳家和鹿港辜家，對當時台灣的經濟政治，都有相當大的影響。基隆顏家以煤、金兩礦發跡，成為台灣礦業史上第一家族。霧峰林家以顯赫武功，贏得清廷嘉許，成為集政、軍、農、商於一家的顯赫大族。日據時代，林獻堂受梁任公啟導，積極參與民族運動，意義非凡。板橋林家以經營鹽、米、樟腦致富，成為清代台灣第一大族。林氏家族在林維源時代將家業推到巔峯狀態，將“政商”角色發揮得淋漓盡致。林家與宣統的太傅陳寶琛、清末名臣盛宣懷、著名思想家嚴復等都結有姻親關係，可見林家當時聲望之隆。日據時代林家活躍於政經界的，以林熊徵為代表性人物。其參與創立的華南銀行，使林家事業邁向另一高峯。台灣光復後，林家諸輩脱穎而出者為林柏壽，台泥開放民營，他被推為董事長歷二十年之久。林熊徵的哲嗣林明成為現任華南金控董事長，活躍於台灣金融界。

高雄陳家以經營糖、米、鹽等業致富，在高雄地區擁有大批土地。在日據初期，陳中和與鹿港辜顯榮齊名。陳家後代活躍於商界之餘，也涉足政界，如陳啟川兩任高雄市長，贏得“高雄市大家長”之美譽；其弟陳啟清曾任高雄市議員；陳啟清之長子陳田錨，曾任高雄市議會首五屆議長。陳氏家族企業涉及金融、汽車、石化與飲料等。與政壇名人黃朝琴、谷正綱、邱創煥、張豐緒、戴炎輝等均有姻親關係。鹿港辜家發跡於日據時代，其開基祖辜顯榮曾被委以台北保良總局長之職，又被勅選為日本貴族院議員，顯赫一時。辜顯榮叱吒於政商兩界，成為當時最大豪商。其子辜振甫於台灣光復後，以台灣水泥為據點，又把企業從產業界推向金融業，成為工商領袖。辜振甫在台灣政壇上也十分活躍，曾先後被聘為總統府資政，被提名為國民黨中常委。1990 年海基會成立，辜氏擔任董事長。兩次“汪辜會談”使他成為海峽兩岸知名的政治人物。辜振甫的續弦夫人嚴倬雲為嚴復的孫女、板橋林家的外孫女。這門親事，令辜振甫的成就錦上添花。2003 年辜家一分為二，辜振甫和兒子辜成允掌傳統製造業，辜振甫侄兒辜濂松和三個兒子則專注金融版圖。

上世紀 60 年代，台灣當局大力獎勵投資以加速經濟發展，台灣經濟由是騰飛猛進，新的大家族應時出現，其中廣為人知的，包括台塑王家、國泰蔡家、新光吳家以及遠東徐家等。2002 年台灣進行金融改革，“金控家族”乘時而興，其中蔡、吳、辜是鼎足而三的金控大家族。

家族的龐大企業，或對整個國家或對某個地方的經濟甚至政治生態都有不可忽視的影響，這種情況，不獨以中國為然，就是在西方國家也有這樣的情況，例如美國的洛克菲勒（Rockefeller）家族、甘乃迪（Kennedy）家族、沃爾頓（Walton）家族等，對各時期的政治和經濟都有一定的影響。

只要涉獵中國近代經濟的歷史，就可以看到中國 19 至 21 世紀家族企業的發展越來越龐大，家族企業歷久而不衰，而且會繼續延續下去、發展下去。家族企業還是當今經濟體系的重要組成部分，也可以說主宰着整個華人社會的經濟命脈。故對家族企業管治的研究，有着不可忽視的意義。

現代華人家族企業的發展

幾千年來，中國社會處於封閉狀態，閉關自守。各地名門望族，雖擁有龐大的土地和財產，主宰着當地的經濟命脈，但由於資訊落後，交通不便，其發展是屬於地區性的。《紅樓夢》中的賈、史、王、薛四大家族是南京地面的官僚巨賈，但要向外擴展也是不容易的。

隨着時代的發展，交通的便利，資訊的發達，為家族企業的拓展創造廣大的空間，創造有利的條件，不僅家族企業發展成為全國性企業，而且不少成為跨國企業。儘管如此，現代家族企業的模式畢竟是由古代家族企業發展而來的，因此具有古代家族企業所具有的特徵。家族企業最重要的特徵就是血統的繼承關係，家族企業的巨大財富大部分來自繼承。賈府的財富和當時傳統大家族一樣，都是來自血統繼承的。賈府自寧國公和榮國公開創局面，到第二代賈代化、賈代善，到第三代賈赦、賈政，到第四代賈珍、賈璉、賈寶玉，已歷四代近百年了。在傳統社會，了繼父業，天經地義，光宗耀祖，更是所應盡的義務。就今日的香港、台灣來說，家族企業為數眾多，在工商界舉足輕重，有的繼承祖業，有的白手興家，各有各的發展道路。

在香港家族企業中，有一些家族企業在香港開埠時期就已經出現，至今仍屹立香港工商界的。例如，李錦裳家族的李錦記，李石朋家族的東亞銀行，何東家族的地產經營，馮柏燎家族的利豐集團，郭樂、郭泉兄弟的永安公司，馬應彪家族的先施百貨等。由於這些家族企業在香港這中西文化交融的環境中成長，汲取了西方企業的生產模式和管理模式，使家族企業的發展得以隨着時代的轉變而發展，日益壯大。像李錦記原是李錦裳於1888年創立，專門生產蠔油，後由其子李兆南繼承，再傳其孫李文達，並已交棒給第四代。企業引入西方生產技術和管理知識，不斷創新，拓展國內外市場，業務蒸蒸日上，使小型家族式生意發展成為一家跨國公司。

20世紀以來，或由於戰亂，或由於時代動盪，形勢改變，不少家族企業為謀求繼續發展的機會，由國內南遷香港。香港的自由貿易政策為南來的家族企業的持續發展提供有利的條件，他們不但把資金南移香港，並帶來技術和人才，既為家族企業向外拓展尋找適合的環境，也對香港的工商業發展也起着重大的推進作用。除了如董、唐、榮等大家族的成員之外，許多白手起家的家族企業開創者也開始出現，諸如李嘉誠、霍英東、郭得勝、李兆基等等。他們高瞻遠矚，以不尋常的勇氣和毅力，把小生意發展成大企業，在香港商界叱吒風雲。其中李嘉誠的長江實業集團從一家塑膠廠發展成跨國企業，集團在香港的成員包括三家同為恒生指數成份股的上市公司（長實、和記黃埔有限公司、香港電燈集團有限公司）及五家在香港聯合交易所主板上市的公司，成就令人矚目。

至於台灣的家族企業，如前所述，早於晚清、日據時代已扮演重要角色，其中板橋林家、高雄陳家和鹿港辜家，百多年來仍屹立於台灣工商界，對台灣經濟政治的影響，不容忽視。這些家族的成功，主要是：在晚清時得到若干經營特權，累積了豐厚家業；在日據時代，懂得與異族統治者周旋，以及擁有大量土地，這些土地成了最大的祖產。上世紀 50 年代，台灣實行“耕者有其田”政策，這些家族的土地大部分被徵收。當年被政府“徵收”的土地換來了台灣水泥、造紙、農林、工礦等四大公營事業的公司股票。而仍保留有的土地，經過幾十年的增值，已是價值連城，這是各大家族現在擁有巨額財富的重要基礎。時至今日，這些家族還創立了許多新的事業，形成了龐大的集團。

二次大戰後，台灣由於政府肯鼓勵，民間肯冒險、肯投資，新的家族企業逐漸崛起。這些新興家族，有台灣本土的，也有由國內遷台的。前者如台塑王家，後者如遠東徐家。有經營之神美譽的王永慶，於 1954 年依靠美國政府提供的援助金 78 萬美元，決定生產聚氯乙烯（PVC）。這是當時全台灣最新的，且十分陌生的商業領域。王永慶以無比的勇氣、毅力、魄力和眼光，從一家小塑膠廠打造成日後的台塑石化王國。徐有庠本於上海從事針織業，生產內衣，行銷全國。1949 年將針織廠設備遷台，由上海的“遠東針織廠股份有限公司”，逐漸壯大而成跨國的“遠東集團”。其經營範圍涉及水泥、紡織、航運、銀行、百貨和電信等。其中百貨業的發展尤其引人注目，成為百貨業龍頭。

這些家族企業的發展，有個共通點，就是他們雖然保持着傳統家族企業的要素，卻汲取西方的生產和經營模式，使企業保持興盛，長足發展。《紅樓夢》寧、榮兩府之所以從興盛走向沒落可以説是時代的局限所造成的，由於缺乏新的發展動力，無法走出困境，日趨蕭條以至覆沒。

為何要研究《紅樓夢》的家族管治

《紅樓夢》的內容真實地描繪當時的社會形態，生動地描繪一個傳統大家族日趨沒落的境況，它的豐富性為我們提供了多方面的研究課題。關於《紅樓夢》所記述的經濟現象，歷來就有不少學者進行研究和論述。如黃天驥的〈大觀園裏的“女媧娘娘”——略談《紅樓夢》對探春形象的塑造〉，宋欣的〈試談探春形象的反封建傾向〉，彭志憲的〈略論賈探春的經濟改革〉，蘇興的〈王熙鳳雜話〉等，對《紅樓夢》所記述的經濟現象進行了深入的研究和論爭。

近百年來，有關《紅樓夢》的研究成為了一種顯學，關於《紅樓夢》研究的著作越來越多，紅學專家也越來越多，從不同方面對此書作出了深入的考證和研究，這是由於《紅樓夢》有着真實而豐富的內容所致。正如魯迅所說：“至於說到《紅樓夢》的價值，可是在中國底小說中實在是不可多得的。其要點在敢於如實描寫，並無諱飾。”著名作家端木蕻良也說過：“曹雪芹為我們提供的歷史真實，比任何歷史教科書所提供的都要多。”

從賈府這樣一個大家族興衰過程的生動而細緻的描寫，使我們對當時的社會環境、生活狀態有更為深入的了解和認識。從這部小說，我們可以看到，曹雪芹不只是一個偉大的作家，而且是一個偉大的學問家，具有廣泛的知識，無論詩詞歌賦，還是人情世故，無論是神仙鬼怪，還是社會文化，無論醫藥飲食，還是遊玩音樂，無所不曉，上至天文，下至地理，三教九流，無不精通。同樣，在理財哲學、管理制度和會計模式也為我們提供了極為寶貴的材料，值得我們加以深入探討。

一個社會的變遷，一個時代的動盪，必然會在家庭生活中反映出來。《紅樓夢》正是從一個大家族的變化，從興盛到沒落，反映了當時的社會變遷。賈府有興盛的時候、有衰落的時候、有突變的時候、有改革的時候，其前因後果及其處理的方法，都有值得我們思考和借鑒之處。

我們嘗試透過《紅樓夢》所描述的會計監控和管理控制的運作情況，作出歸納和分析，並根據清朝初期的社會情況和經濟環境，對這些問題作進一步的探討。從小説的記載，我們可以看到其管控運作與當時文化社會價值有着密切的關聯，認識到會計監控和管理控制對家族企業的重要性，並取得相當的成效。例如於權責獨立、現金管制、依據預算以籌劃、成本控制、營運效率等方面，都有突出的表現。但是，清朝社會和文化因素阻礙了經濟和管理的發展和革新，為強化皇權和父權，必然造成權力的膨脹及其管理制度逐漸的僵化、規條化，從而喪失其專業性和靈活性。歷史往往會為我們指出未來的路向，所謂"觀今宜鑒古，無古不成今"。我們相信這個研究對了解現代中國家族企業的理財理念和管治模式，會有一定的幫助。

對古代家族管治制度的探索，無論那是一個成功或是失敗的制度，對未來也有一定的參照價值。在這方面，我們的研究有着重要的啟示作用：我們研究歷史是為了更好地了解現在。研究過去的財務管理及其控制系統，是為了改良我們現在的理財理念及管理控制的系統。但必須指出，財務政策的制訂應該按照其不同的文化和社會特點及其趨勢而制訂。故此了解這些政策和社會文化的關係，有助企業制訂一個成功的管理控制系統。

第2章

《紅樓夢》與家族會計制度

家族企業這種經濟形式在中國曾經具有壓倒性的優勢，現在仍然有着巨大的影響，未來也許仍然是這樣。在這一章，我們透過《紅樓夢》所描述的會計監控和管理控制的運作情況作出歸納和分析，並根據清朝初期的社會情況和經濟環境，對這些問題作進一步的探討。從小說的記載，我們可以看到家族事務的管控運作與當時社會文化價值有着密切的關聯，認識到會計監控和管理控制對家族企業的重要性，以及其取得的成效。

清朝的會計制度

清朝會計以貨幣價值為主要計量單位，幣制有銀、有錢、有鈔。在市場流通中，一般“大數用銀，小數用錢”。《欽定大清會典》卷十九戶部記載“國用之出納，皆權以銀”，是清政府對財政收支所確定的一項基本原則。凡收入，直接取得為銀兩者，以白銀為計量單位核算；其徵納為實物者，則將實物折合成銀兩核算。凡支出，均統一以白銀作為計量單位核算。凡呈送奏銷報告，收支數額，存留起運之數，各類、各項，均須以白銀為量度。這種以白銀為主要計量單位，並對各種量度的位數作出明確的規定，是清朝會計制度中一個突出的進步。

清朝會計最富有特色的一種記帳方法是四腳帳。四腳帳是以複式記帳方法，它同時並重經濟業務的收方

（即來方）和付方（即去方）的帳務處理。其記帳規則是：有來必有去，來去必相等，不僅轉帳業務必須按照此規則處理，即使現金出納業務亦須如此。凡業務的收（來）方記錄位於帳簿或報表的上半部分，被稱為“天”（或“天方”）；而付（去）方內容則列於帳簿或報表的下半部分，被稱為“地”（或“地方”）。待結帳時，報表上下兩部分的總計數額應相等，即“天”與“地”相符，表明帳務處理正確；否則，說明帳務處理有誤。此帳法的關鍵在於“天”、“地”相合，故又稱該帳法為“天地合帳”。這與現代西方會計制度的借方與貸方相等無異。

四腳帳使用的帳簿包括草流水帳、細流水帳、總清簿三種。草流水帳按照經濟業務的發生順序依次登記，其作用相當於現今的記帳憑證，是各種日記帳的記帳依據。細流水帳按不同內容而設，一般有“銀清簿”（專門記錄現金收入與支出的日記簿）、“貨清簿”（專門記錄購貨與銷貨的日記簿）和“日清簿”（專門記錄企業往來業務的日記簿）等。總清簿可設綜合反映企業全部業務內容的單獨一冊，也可分設若干冊專門反映一類業務的總簿，如“交關總簿”（匯集登錄往來等業務的總清簿）、“貨物總簿”和“雜項總簿”等，總清簿的內容係由各種日記簿的餘額轉記而得。四腳帳編制的會計報表稱為“結冊”，有“彩項結冊”和“結餘結冊”兩種。“彩項結冊”即損益計算表，用以反映企業的經營盈虧狀況；“結餘結冊”即資產負債表，用以反映企業的資本平衡關係。

在民間會計中，各行業帳簿名稱不甚一致，且往往不直接寫明帳簿性質，而借用一些吉祥語作為帳簿名稱，以圖經營生意的順利。例如，記錄廠家店號各股東入股資本的帳簿名為

"萬金寶帳"，企業進貨帳名為"一本萬利"，門市銷售帳名為"利市大吉"，應收款帳名為"利達三江"或"萬商雲集"，應付款帳名為"源遠流長"，店號之間往來帳名為"誼結金蘭"或"根深葉茂"。非但帳簿命名如此，各種涉及會計的輔助記錄，其命名亦頗具匠心，如存貨盤點記錄稱為"光前裕後"，呆帳損失記錄稱為"萬象回春"，盈虧結算記錄稱為"堆金積玉"或"日積月累"等。

《紅樓夢》家族的財政收支

一、豐厚的俸祿

康乾時代，社會是比較穩定的，經濟是比較昌盛的。整個經濟命脈幾乎集中在一些大家族手裏，各個大家族都有他們的企業。我們知道，乾隆時代的權相和珅在通州、薊州經營龐大當舖、錢店，資本多達十餘萬兩白銀，多少有點兒像今日的銀行體系。《紅樓夢》中的薛家既是皇商，專為皇家購買物資。據《熙朝紀政・採辦》："我朝無均輸和買之政，凡官府所需，一出時價採辦。"這是特權階層的專利。薛家還在京城經營當舖。賈府更是當時典型的官僚地主家族，除了豐厚的俸祿，還有田租和房租的龐大收入。

榮國府的長子賈赦襲了官，次子賈政幸得"皇上因恤先臣"，遂額外賜了一個主事之銜，並升為工部員外郎，主管建築、水利諸事。不消說，入息當然是極為豐厚的。除了俸祿，還有皇上的賞賜，特別是賈政長女元春選入宮廷，後晉封為鳳藻宮尚書，加封賢德妃，賈府的財富也隨着膨脹。可想而知，歷代為官為家族帶來龐大的財富。當年賈府和王府的盛況：

趙嬤嬤道："嗳喲喲，那可是千載希逢的！那時候我才記事兒，咱們賈府正在姑蘇揚州一帶監造海舫，修理海塘，只預備接駕一次，把銀子都花的淌海水似的！"

鳳姐忙接道："我們王府也預備過一次。那時我爺爺單管各國進貢朝賀的事，凡有的外國人來，都是我們家養活。粵、閩、滇、浙所有的洋船貨物都是我們家的。"

趙嬤嬤道："那是誰不知道的？如今還有個口號兒呢，説'東海少了白玉牀，龍王來請江南王'，這説的就是奶奶府上了。還有如今現在江南的甄家，嗳喲喲，好派勢！獨他家接駕四次，若不是我們親眼看見，告訴誰誰也不信的。別講銀子成了土泥，憑是世上所有的，沒有不是堆山塞海的，'罪過可惜'四個字竟顧不得了。"

鳳姐道："常聽見我們太爺們也這樣説，豈有不信的。只納罕他家怎麼就這麼富貴呢？"

趙嬤嬤道："告訴奶奶一句話，也不過是拿着皇帝家的銀子往皇帝身上使罷了！誰家有那些錢買這個虛熱鬧去？"（第十六回）

這正是當時傳統官僚家族在皇權的庇護下，獲得雄厚的經濟來源和巨大的財富積累。就金陵地區而言，賈、史、王、薛各有各的經濟脈絡，又官又商，財富大幅膨脹。(見圖 2・賈府的收支概略)

二、家族的房產地租收入

清代滿漢貴族同時又是地方的大地主。他們利用擁有的資金，購置田產和房產，然後出租，收取地租和

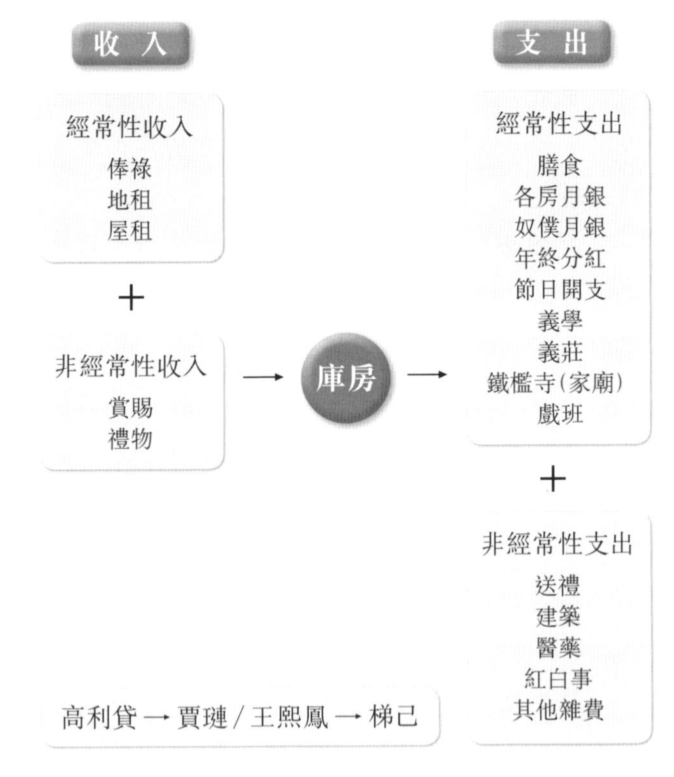

圖 2　賈府的收支概略

屋租。這些貴族地主經營土地田莊都由莊頭為其代理，專管監督佃戶生產，催收地租，攤派勞役等事宜。寧、榮二府雖然移居京都，但在金陵還擁有不少產業，主要是房產和田地。烏進孝、周瑞等就是為寧、榮二府收取租金的，每年兩季，這是整個家族每年經常性的收入之一。這是當時家族企業所經營的一個主要業務。據周瑞所說："奴才在這裏經管地租莊子，銀錢出入每年也有三五十萬來往。"(第八十八回)

地租的收入是龐大的，所謂地租，是土地所有者依據土地所有權從土地使用者獲得收益。地租主要有三種形式：勞役地租、實物地租、貨幣地租。乾隆以降，多採取定額地租，即佃戶每年向地主繳納一定固定數量的租穀，不管收成如何。在定額地租下，地主不干預生產過程，也不臨田監分，收穫物越多，佃戶所交納租穀佔總收穫物的比重越小，有利調動佃戶的積極性。定額地租還由實物地租向貨幣地租轉化，按定額穀物作價交錢，即成為貨幣地租。賈府的田莊有好幾處，所採取的地租就是貨幣地租。我們可看到賈璉和周瑞、烏進孝那些為賈府收租的奴僕結算所收地租都是用銀兩計算的。地租是一項經常性收入，但也有因天災而失收的時候。

三、高利貸息金收入

中國 18 世紀的清康熙、雍正、乾隆時代，隱蔽的非暴力巧取是資本原始積累的開路先鋒，其中一種常見的方式是透過高利貸使貨幣迅速增值和集中。有的學者認為：這是為以後建立資本主義企業準備資金。我們在西方的封建社會末期看到這種現象，中國也不例外。王熙鳳可說是當時社會這一特定時期高利貸者的典型。高利貸在那時期的社會並不是一項非法行為。

所謂高利貸，包括個體放債人放重利債收取息金和以開典當、錢莊（銀行的前身）形式典押，高利貸款等手段，其觸角無處不入，無所不在。高利貸的貸方（金錢的持有者）往往是社會游資比較暫時集中的人，各階層的人士都有，包括某些貴族、官僚在內。借方多為揮霍無度瀕於破產的貴族、官僚、地主，或者為了擴大生產而急需現金的工商業者。清康熙、雍正、乾隆時代在朝的貴族、官僚和在野的鄉宦，大都把貪污受賄得來的金錢貨幣投放在高利貸中，組成當時形態的"官僚資本"，和珅就是如此。《紅樓夢》寫皇商薛家有許多當舖，便是這類高利貸資本的一種。

這種現象在當時社會是相當普遍的。曹雪芹前八十回共六次寫到王熙鳳放高利貸賺取私己（第十一回、十六回、三十九回兩次、七十二回兩次）。平兒告訴襲人：王熙鳳這幾年就靠着向榮國府總帳房支取下人的每月零用錢遲發幾天，挪來做本取利，翻覆倒手就翻上好幾百兩銀子；又把自己的每月公費錢，十兩八兩零碎攢了，又用它來放債。單就這梯己（或作體己，即私房錢）利錢，不到一年，就有上千的銀子呢——

> 襲人又叫住問道："這個月的月錢，連老太太和太太還沒放呢，是為甚麼？"

平兒見問，忙轉身至襲人跟前，見方近無人，才悄悄說道："你快別問，橫竪再遲幾天就放了。"

襲人笑道："這是為甚麼，唬得你這樣？"

平兒悄悄告訴他道："這個月的月錢，我們奶奶早已支了，放給人使呢。等別處的利錢收了來，湊齊了才放呢。因為是你，我才告訴你，你可不許告訴一個人去。"

襲人道："難道他還短錢使，還沒個足厭？何苦還操這心。"

平兒笑道："何曾不是呢。這幾年拿着這一項銀子，翻出有幾百來了。他的公費月例又使不着，十兩八兩零碎攢了放出去，只他這梯己利錢，一年不到，上千的銀子呢。"

襲人笑道："拿着我們的錢，你們主子奴才賺利錢，哄的我們呆呆的等着。"（第三十九回）

賈芸就曾埋怨說："拿着太爺留下的公中銀錢在外放加一錢。"（第一〇四回）即息為本金的十分之一，可見當時高利貸的利潤之高企。賈府被抄家時賈璉和鳳姐就被抄出"兩箱房地契又一箱借票，卻都是違例取利的"（第一〇五回）。他倆"歷年積聚的東西並鳳姐的梯己不下七八萬金"（第一〇六回），都是從放高利貸所獲的利益。

放債是當時生財的辦法，也是積累資本的方法。現代社會有銀行儲蓄收取利息，有股票的交易，作為積累資本的途徑。在舊社會逐步走向資本主義的發展階段，放債就成為一個重要的手段。《紅樓夢》所記載雖然是王熙鳳的所為，但也是當時家族企業取得豐厚營利的常見渠道。

貿易也是當時攢集資本的途徑。在清代就出現不少中國歷史上像胡雪巖這樣著名的商人，縱橫商場，頓成巨富。薛家是皇商，長期經營貿易生意——

> 展眼已到十月，因有各鋪面伙計內有算年帳要回家的，少不得家內治酒餞行。內有一個張德輝，年過六十，自幼在薛家當鋪內攬總，家內也有二三千金的過活，今歲也要回家，明春方來。因說起"今年紙紥香料短少，明年必是貴的。明年先打發大小兒上來當鋪照管，趕端陽前我順路販些紙紥香扇來賣。除去關稅花銷，亦可以剩得幾倍利息。"(第四十八回)

據《紅樓夢》的記載，當時社會是比較穩定的，經濟是比較繁榮的，各行各業的生意都相當蓬勃。但賈府似乎沒有經營貿易方面的生意，顯然沒有懂得利用既有的資金投入生財市場，一旦發生某種變故，也就收入不足以敷出，就難免出現財政拮据的情況。

四、家族的經常性支出

賈府經常性的支出就是"月錢"(見第三回)，那是當時社會的富有大家每月按等級發給各人等的零用錢，包括分給各房及其奴婢，都有定例，不可隨意變更。

各房例銀，按不同的家庭背景而有多有少——

> 李紈笑道：“真真你是個水晶心肝玻璃人。”
>
> 鳳姐兒笑道：“……你一個月十兩銀子的月錢，比我們多兩倍銀子。老太太，太太還說你寡婦失業的，可憐，不夠用，又有個小子，足足的又添了十兩銀子，和老太太，太太平等。又給你園子裏的地，各人取租子。年中分年例，你又是上上分兒。你娘兒們，主子奴才共總沒十個人，吃的穿的仍舊是官中的。一年通共算起來，也有四五百銀子。這會子你就每年拿出一二百兩銀子來陪他們頑頑，能幾年的限？他們各人出了閣，難道還要你賠不成？這會子你怕花錢，調唆他們來鬧我，我樂得去吃一個河枯海乾，我還通不知道呢！”（第四十五回）

李紈是賈珠的夫人（賈政的媳婦），每月有十兩銀子，年終還有田租分和年例分，而做姨娘的每月只有二兩。就是家奴的“月例”也按照不同的級別而有多有少，做大丫頭的一兩，做小丫鬟的五百錢等等（見第三十六回）。這都是前有規定，後應遵守的例規。

由此可見，賈府的每一項支出都有定例，增加和減少都要有一個合理的解釋，絕不能馬虎，就一吊錢這樣的小數目，也要認真查明，否則就會被指不公，未能按本子辦事，是一種失責的表現。對一個管理者來說，更應該嚴格落實，否則就會引起混亂。賈府的"月錢"就像我們現在每月的薪金，當然不能有時多了有時少了。這在賈府雖然不算是很龐大的支出，但如果不公，卻會影響下人的士氣，引起他們的不滿，引起不必要的糾紛。鳳姐在這方面的執着，使賈府上下不得不遵從。

五、家族的公益支付

傳統舊家族有它的公益事業，主要有義學和義莊。他們認識到教育的重要性，為了培養後代而設立義學。《紅樓夢》第九回記載："原來這賈家之義學，離此也不甚遠，不過一里之遙，原係始祖所立，恐族中子弟有貧窮不能請師者，即入此中肄業。凡族中有官爵之人，皆供給銀兩，按俸之多寡幫助，為學中之費。特共舉年高有德之人為塾掌，專為訓課子弟。"這是當時家族的公益事業之一。

賈府也為其家族中人，盡量安排工作，使他們的生活得到妥善的照顧，也經常籌集物資分給一些在家賦閑生活比較清苦的子弟——

> 這裏賈珍吩咐將方才各物，留出供祖的來，將各樣取了些，命賈蓉送過榮府裏。然後自己留了家中所用的，餘者派出等例來，一分一分的堆在月台下，命人將族中的子侄喚來與他們。接着榮國府也送了許多供祖之物及與賈

珍之物。賈珍看着收拾完備供器，靸着鞋，披着猞猁猻大裘，命人在廳柱下石磯上太陽中鋪了一個大狼皮褥子，負暄閑看各子弟們來領取年物。(第五十三回)

對一個大富家族來說，這種對族人的照顧被認為應有的義務和責任。所以每逢過年過節都會這樣做，以團結族中子弟。

另外，當時的家族也設立義莊。他們多購置田產作為族產，所得田租，除用於祭祀外，對貧困的本族人加以救濟，特別是在天災之時給予賑濟，如：施粥、施糧、施醫藥、施棺等，還用來興辦學堂或資助本族人讀書應舉，培養本族士子。早在北宋時期，范仲淹就在蘇州設立這樣的義莊。

為整個家族企業長遠打算是不無道理的。正如今日各個著名家族所設立的基金機構，使家族企業對族人對社會繼續作出貢獻。這種義莊的建立也許就是今日基金的最初形式。所謂"未雨綢繆"，所謂"防患於未然"，這都是千古的教訓。在賈府整個財政開支中，月錢和各房的例銀的支出不算很大，開支龐大的是非經常性的支出，如修建省親別墅、紅白兩事、社會應酬、意外開支等等，經常耗費巨大。

《紅樓夢》的會計記錄

按《紅樓夢》的描述，榮、寧兩府都非常重視會計簿記的功能。賈府的財政收入是龐大的，很多支出也是驚人的。賈府設立自己的銀庫，負責整個家族的收支。第八回有云："銀庫房的總領名喚吳新登與倉上的頭目名戴良，還有幾個管事的頭目，共有七個人。”無論是俸祿，還是賞賜，無論是田租，還是送禮，所有收益都歸入庫房。

按《紅樓夢》的記載，賈府所有收入都必須上“上檔子”（第十一回），所謂“上檔子”就是把各種財物分門別類登記的簿冊。據《清稗類鈔》，清初尚無此類冊籍，有事記在木片上，年久積多，用皮條穿掛，叫做“檔子”或“牌子”，後來寫在簿冊上，也相沿叫“檔子”、“上檔子”，就是記在簿冊上，也就是今日之所謂簿記。

家族企業的各項收入都列有清單，以供核對。就是所收到的賀禮，也要經家族中有關人員核對，才能歸入庫房，並有謝帖交回——

> 林之孝家的進來說：“江南甄府裏家眷昨日到京，今日進宮朝賀。此刻先遣人來送禮請安。”説着，便將禮單送上去。
>
> 探春接了，看道是：“上用的妝緞蟒緞十二匹，上用雜色緞十二匹，上用各色紗十二匹，上用宮綢十二匹，官用各色緞紗綢綾二十四匹。”
>
> 李紈也看過，說：“用上等封兒賞他。”因又命人回了賈母。
>
> 賈母便命人叫李紈、探春、寶釵等也都過來，將禮物看了。

> 李紈收過，一邊吩咐內庫上人說："等太太回來看了再收。"（第五十六回）

簿記的建立在財政管理上是一項非常重要的環節，鳳姐一接管寧府的管理事務，第一件要做的事，就是"即命彩明釘造簿冊"（第十四回）。這不僅對收支的情況一清二楚，而且可成為各項支出的案例。

在第十四回中，熙鳳計劃改善寧府的財務管理，首先要做的事，就是翻查帳簿。當她要做出財務決策，就根據彩明按年序記錄的財務交易，對特殊事項的決策確立一個統一的準則。遇有非經常性的需求，熙鳳會參照舊有會計記錄以決定其是否合理。她也會參考這些記錄以計劃領取物資的時間。例如一個媳婦遲了來支取香料與燈油，當她來了，熙鳳向她笑道："我算着你們今兒該來支取，總不見來，想是忘了。"甚麼時候做甚麼事，鳳姐都記得一清二楚，有根有據。關於領取錢銀，第十四回就有一個這樣的例子：

> 鳳姐因見張材家的在旁，因問："你有甚麼事？"張材家的忙取帖兒回說："就是方才車轎圍作成，領取裁縫工銀若干兩。"鳳姐聽了，便收了帖子，命彩明登記。待王興家的交過牌，得了買辦的回押相符，然後方與張材家的去領。（第十四回）

在第五十五回，探春管帳，同樣以舊有帳目作為參考。事緣趙姨娘的弟弟辭世，探春需要決定支付帛金的數目與趙姨娘。基於種種理由，管家的媳婦及其他一眾媳婦，都袖手旁觀，看探春怎樣處理。探春機智，找出舊帳記錄，審察類似事件的支付數目，加以斟酌，得以順利處理此事。

對如此龐大的家族財政，也逐步形成嚴密的會計制度和嚴格則例，無論賀禮、賞銀，甚至是過生日，都根據地位的高低，訂出例則。當然，也並非一成不變的。例如為薛寶釵做生日，鳳姐覺得"大生日料理，不過是有一定的則例在那裹。如今他這生日，大又不是，小又不是。"（第二十二回）所以就要和賈璉商量，根據實際情況而作合理的變動。在《紅樓夢》裏，有許多日常的財務決策例子，決策者往往要參考過去的財務會計記錄或則例，才作出決定，可見會計記錄對當時家族的財務管理的重要性。

第3章

王熙鳳的管治風格與會計監控

《紅樓夢》提供了一個中國傳統大家族在家務管理上種種的例子。榮、寧二府上下數百人，各房各戶，上上下下，錯綜複雜，關係微妙，要當好賈府的大管家實非易事。

《紅樓夢》從各個方面描繪了賈家榮、寧二府的家庭生活情景。榮、寧二府各自擁有美輪美奐的瓊樓玉宇，四世同堂，幾代的男女主子，皆由老老少少的男僕女婢悉心侍奉。兩府各有數以百計的奴僕伏侍，以確保府中各人的生活過得舒適安樂。一如商業機構擁有眾多職員，各司其職，兩府的僕從也有不同的工作部門，分派不同的工作，例如，奴僕、奶娘、管家、裁縫、園丁、採購、監督、管帳、收租、信差、保安、總管，甚至清客、跟班、演員等。家庭中有才能的、忠誠的，往往也會被安排處理一些重要的事務。當然要使他們的能力得以發揮，使家族企業的運作更有效率，必須有合理而可行的管理制度。無論在甚麼時候，這對決策者或管理者來説，都是一個莫大的挑戰。特別是在榮、寧兩府正處於一個日趨沒落的時期，家族的管理就更加不是那麼得心應手。在動盪的環境中，對於一個管理者來説，當然是最困難的，但也是最具挑戰性的。

在小説的第十三、十四兩回，作者透過王熙鳳代理寧國府處理長達一個月的喪禮的過程，具體地展現了鳳姐的管治風格及她所用的會計監控措施。

王熙鳳的管治風格

一個龐大的家族企業，其決策者和執行者的素質往往對其家族企業的發展或衰退有着決定性的作用。可以肯定地說，一個決策者或執行者肩負着整個家族企業的命運，因為整個經濟系統都在他的控制和管理之下，其責任是何等重要。所以作為一個決策的執行者或管治者，首先必須具備深入理解決策的精神實質，必須具備一定的指揮能力和組織能力。同時，管治者必須有駕馭工作對象的能力和知識能量，否則，即使有了指揮權力，也無法做到行使指揮的職能，他的知識結構必須和工作職務相適應。經濟決策的執行者對於本部門的人力、物力、財力必須做到胸有成竹，瞭如指掌，而不是只會作原則上的指導，不懂具體操作，必須克服那種單純按資歷的長短來決定權利分配的傳統原則。知識結構是個人素質中的“硬件”，它是工作能力的基礎，屬於必要條件。在能力結構上，應具備同職務相應的觀察能力、預見能力、指揮能力、協調能力、組織能力、做思想工作的能力。管理層的理念、經營風格及價值觀，對家族企業決策和管理有很大的影響，對規範家族企業內部控制尤其重要。

王熙鳳作為榮國府的大管家，出身貴族家庭，又嫁入榮國府這樣的大家族，由於她是在這樣的環境中長大的、培養出來的，對於整個大家庭的種種運作十分熟悉，她更是一位既能幹又世故的女子。我們從冷子興對鳳姐的稱許就可以看到她並非平庸之輩——

誰知自娶了他令夫人之後，倒上下無一人不稱頌他夫人的，璉爺倒退了一射之地：說模樣又極標致，言談又爽利，心機又極深細，竟是個男人萬不及一的。（第二回）

作為賈府老家奴的周瑞家的是這樣評價王熙鳳的辦事能力——

這位鳳姑娘年紀雖小，行事卻比世人都大呢。如今出挑的美人一樣的模樣兒，少說些有一萬個心眼子。再要賭口齒，十個會說話的男人也說他不過。回來你見了就信了。就只一件，待下人未免太嚴些個。（第六回）

所以，連秦可卿也認為鳳姐是一個理家不可多得的人才——

秦氏道："嬸嬸，你是個脂粉隊裏的英雄，連那些束帶頂冠的男子也不能過你……"（第十三回）

王熙鳳有賈珍所賦予的權力，加上她的能幹、肯幹，精明精細，應心得手，有條不紊，使她在寧府很快地樹立起管治的威信，使寧府上下做起事來也格外勤謹——

話説寧國府中都總管來升聞得裏面委請了鳳姐，因傳齊同事人等説道："如今請了西府裏璉二奶奶管理內事，倘或他來支取東西，或是説話，我們須要比往日小心些。每日大家早來晚散，寧可辛苦這一個月，過後再歇着，不要把老臉丢了。那是個有名的烈貨，臉酸心硬，一時惱了，不認人的。"

眾人都道："有理。"

又有一個笑道："論理，我們裏面也須得他來整治整治，都忒不像了。"（第十四回）

一個管理者當他獲得應有的權力，即人力、財力和物力的調度使用權時，他必須有明確的分工，貫徹責、權、利三者結合的原則，以責任為基礎來確定權力的分配和利益的分配。既不許兩不管的環節的存在，更不能形成無法追查為事故負責的部門。凡是執行機構內部的工作人員，都必須分擔一定的工作任務和工作量，以便克服人浮於事的現象，使大家各司其職，各盡所能，各盡其責。王熙鳳在接手寧府的管理事務之後，對寧府管理上所存在的問題瞭如指掌，了解到人事的安排上的一片混亂，權責不分。只有對所存的問題有深入的了解，才能對問題合情合理的處理，對工作作出有條有理的安排，才能令眾人心服，從而充分表現出她的管理智慧和權力的適當運用。

鳳姐面對寧府複雜的情況，要妥善處理所存在的問題，就必須了解問題的癥結在哪裏。鳳姐首先了解寧府管理上弊病之所在，對症下藥，着手解決——

王夫人因問鳳姐：“你今兒怎麼樣？”

鳳姐兒道：“太太只管請回去，我須得先理出一個頭緒來，才回去得呢。”王夫人聽說，便先同邢夫人等回去，不在話下。

這裏鳳姐兒來至三間一所抱廈內坐了，因想：頭一件是人口混雜，遺失東西；第二件，事無專執，臨期推委；第三件，需用過費，濫支冒領；第四件，任無大小，苦樂不均；第五件，家人豪縱，有臉者不服鈐束，無臉者不能上進。此五件實是寧國府中風俗。(第十三回)

知道問題的癥結，鳳姐便採取一系列措施。她知道規矩在管理上的重要性，在向寧國府奴婢宣佈新的工作安排時，她強調自己的管治方式與他們一向作事的方式並不一樣，要是有人犯了規矩，即時公開處理。為了強化新的管治功能，她每天早上由親信丫鬟助理，親自按名冊點名，又命寧府總管來升的媳婦各處查察，遇有偷懶、違規的，須親自向她彙報。如有隱藏包庇的，一經查出，必按規矩處罰。這在意識形態上，有如現今的內部審計。

當這些操作指引公佈之後，即成為眾人所必須遵從的規條，稍有不慎或疏忽，絕不寬容。例如有一天早上，一個迎送親客的侍婢遲到，熙鳳即命傳來，不管她求饒，也不管她是否初犯，決絕地命人把那侍婢拖出去打了二十大板，並革她一月銀米。藉此機會，熙鳳既鞏固了自己的地位和權威，又警戒了那些日後遲到的人，必遭重罰。她的管治方式是嚴厲的，但嚴厲管治能使寧國府昔日在管理方面的弊端，得以快速改善。

王熙鳳為了顯示自己認真處理寧府之事，很多監管職責，都親力親為。每天大清早到寧府處理工作，晚上離開前，親自到各處查看一遍，然後才將鑰匙交給夜班守衛。鳳姐對工作的熱情和勤謹，令寧府上下再也不敢怠慢，全心全意做好他們的工作：

> （賈珍）又問："妹妹住在這裏，還是天天來呢？若是天天來，越發辛苦了。不如我這裏趕着收拾出一個院落來，妹妹住過這幾日倒安穩。"
>
> 鳳姐笑道："不用。那邊也離不得我，倒是天天來的好。"
>
> ……那鳳姐不畏勤勞，天天於卯正二刻就過來點卯理事，獨在抱廈內起坐，不與眾妯娌合羣，便有堂客來往，也不迎會。（第十三回）

從以上所述例子，王熙鳳在家族企業的管治上是有她的辦法的，更重要的是得到賈府主子的絕對信任，這是賈府上下都不否認的事實。她辦事認真，不辭勞苦，連賈母也是知道、也是讚嘆的。

鳳姐與會計監控

一、內部控制

據《紅樓夢》所述，榮、寧兩府日常的會計監控，已有類似今日內部監控制度的特色。所謂內部控制，是指企業為了保證業務活動的有效進行，保護資產的安全和完整，防止、發現、糾正錯誤與舞弊，保證會計資料的真實、合法、完整而制訂和實施的政策與程序。內部控制在會計學既是會計控制系統範圍，也是審計學、企業管治課程必讀的課題。廣義地說，一個企業的內部控制是指企業的內部管理控制系統，包括為保證企業正常經營所採取的一系列必要的管理措施。內部控制的職能不僅包括企業最高管理當局用來授權與指揮進行購貨、銷售、生產等經營活動的各種方式、方法，也包括核算、審核、分析各種信息資料及報告的程序與步驟，還包括對企業經濟活動進行綜合計劃、控制和評價而制訂或設置的各項規章制度。因此，內部控制貫穿於企業經營活動的各個方面，只要有企業經濟活動和經營管理的存在，就需要有相應的內部控制。

現代企業的內部控制借鑒了美國科索（COSO）1992 年內控框架和 2004 年企業風險管理框架（Enterprise Risk Management Framework）的先進理念，以及其他發達國家和地區的做法，確立了五個要素的內控框架。這五個要素分別是：

內部環境

一般包括治理結構、機構設置及權責分配、內部審計、人力資源政策、企業文化等，這是企業實施內部控制的重要基礎。

風險評估

指企業及時識別、分析經營活動中與實現內部控制目標有關的風險、合理確定風險應對策略的過程，這是企業實施內部控制的重要環節。

控制程序

指企業根據風險評估結果，採用相應的控制措施，將風險控制在可承受度之內，這是企業實施內部控制的重要手段。

信息與溝通

指企業應及時、準確地收集、傳遞與內部控制相關的信息，確保信息在企業內部、企業與外部之間進行有效溝通，這是企業實施內部控制的重要條件。

內部監督

指企業應對內部控制建立與實施情況進行監督檢查，評價內部控制的有效性，發現內部控制缺陷，應當及時加以改進，這是企業實施內部控制的重要保證。

二、內部會計監控程序

控制程序是企業內部監控制度的重要元素，是由為了合理保證公司目標的實現而建立的政策和程序組成的。控制程序可分為五類：

交易授權

交易授權程序的主要目的，在於保證交易是管理人員在其授權範圍內授權才產生的。授權有一般授權和特別授權之分，前者指授權處理一般性的交易，而後者則指授權處理非常規性交易事件，比如，企業的重大資本支出和股票發行等。特別授權也可能用於超過一般授權限制的常規交易，比如，同意在情有可原的情況下，對某個不符合一般信用的顧客賒購商品。現今企業的日常運作，是以獲得授權者的簽名或蓋章作為授權憑證。例如，某部門要購置辦公室用品，必須得到部門主管簽名批核，授權採購部門訂購用品。

在《紅樓夢》裏，需要獲得合法權力才可以處理事務，這樣的例子，隨處可見。為統一監控，榮、寧兩府各有一個對牌，握有對牌就等如握有支配財政的一切權力。所謂對牌，是用木或竹製成的財物的憑證，上有記號，從中劈作兩半。支領財物時，以兩半標記相合為憑。掌有對牌就掌有支配財政的絕對權力。例如，王熙鳳為寧國府籌辦喪事，賈珍就立即授之以對牌，表示權力由他授予：

賈珍便忙向袖中取了寧國府對牌出來，命寶玉送與鳳姐，又說："妹妹愛怎樣就怎樣，要甚麼只管拿這個取去，也不必問我。只求別存心替我省錢，只要好看為上；二則也要同那府裏一樣待人才好，不要存心怕人抱怨。只這兩件外，我再沒不放心的了。"

鳳姐不敢就接牌，只看着王夫人。王夫人道："你哥哥既這麼說，你就照看照看罷了。只是別自作主意，有了事，打發人問你哥哥、嫂子要緊。"寶玉早向賈珍手裏接過對牌來，強遞與鳳姐了。(第十三回)

領取物資和錢銀，必須經管家批准，取得對牌，才能向銀庫領取有關金額和物資。要領取對牌就要經過主事的審批。賈府中人欲領取錢銀，首先就必須出示領票，並得到提牌人的批准，取得對牌，按照一定手續才能向銀庫領取所需銀兩。領取應用的物資也一樣——

賈芸便呆呆的坐到晌午，打聽鳳姐回來，便寫個領票來領對牌。至院外，命人通報了，彩明走了出來，單要了領票進去，批了銀數年月，一併連對牌交與了賈芸。賈芸接了，看那批上銀數批了二百兩，心中喜不自禁，翻身走到銀庫上，交與收牌票的，領了銀子。回家告訴母親，自是母子俱各歡喜。(第二十四回)

在第二十三回也有這樣的記述——

> 賈璉便依了鳳姐主意，説道："如今看來，芹兒倒大大的出息了，這件事竟交與他去管辦。横豎照在裏頭的規例，每月叫芹兒支領就是了。"……
>
> 賈芹便來見賈璉夫妻兩個，感謝不盡。鳳姐又作情央賈璉先支三個月的，叫他寫了領字，賈璉批票畫了押，登時發了對牌出去。銀庫上按數發出三個月的供給來，白花花二三百兩。(第二十三回)

為了杜絕多領和浪費，無論所領取的物資是多是少，是值錢的還是不值錢的，都必須領取對牌，才能向庫房支取。來旺媳婦領取紙紮這樣的物資一樣要經過批審，取得對牌，不能因為不是甚麼值錢的東西，就可以隨便領取，不依手續辦事，便會造成無可挽回的混亂——

> 正説着，只見來旺媳婦拿了對牌來領取呈文京榜紙紮，票上批着數目。眾人連忙讓坐倒茶，一面命人按數取紙來抱着，同來旺媳婦一路來至儀門口，方交與來旺媳婦自己抱進去了。(第十四回)

職責劃分

這一控制程序是指企業對某交易涉及的各項職責進行合理劃分，一方面可清楚分配工作，每人的權責分明，同時亦使每一個人的工作能自動地查核另一個人或更多個人的工作。職責劃分的主要目的，是為了預防和及時發現在執行所分配的職責時所產生的錯誤或舞弊行為。從控制的觀點看，如某員工在履行其職責的正常過程中產生了錯誤或舞弊，而內部控制又難以發現他的舞弊，那麼就可以判斷這些職責是不相容的。對於不相容的職責必須實行職責劃分，例如：某項交易的執行、記錄以及維護、保管相關的資產應該指派給不同的個人或部門，比如採購部門人員應負責簽發採購單，會計部門應記錄已收到的貨物，倉庫人員則應負責該貨物的保管工作。在記錄此項採購交易之前，會計人員應確定採購已經過授權，所訂購的貨物已實際收到。會計記錄為明確存在於倉庫貨物的受託責任提供了依據。

大企業和小企業在執行“職責劃分”控制程序上有些差別。小企業由於員工的人數較少，實行職責劃分往往要比大企業困難得多。但是在這些小企業裏，經營者通常積極參與經營活動，這樣，經營者可透過擔任一些特定的工作來實現職責的合理劃分。也有經營者透過對員工的工作進行嚴密的監控與覆核，以彌補職責劃分的不足。

在《紅樓夢》裏，鳳姐在為寧國府料理喪事四十九日期間，重新編訂婢僕的工作。她吩咐其中二十個僕人分作兩班，每班十個，每日在家中只管客人來往倒茶；另二十個也分作兩班，每日只管本家親戚茶飯；又派四十個奴僕分作兩班，在靈前上香添油，掛幔守靈，供飯供茶，隨起舉哀；四個人在茶房收拾杯碟茶具，若少一件，便叫他們四個描賠；四個人收拾酒飯器皿，少一件，一樣要他們四個描賠；又指派八個僕人只管監收祭禮，八個單管各處燈油、蠟燭、紙紮，三十個每晚輪流巡視各處，看管門戶，監察火燭，打掃地方。其餘約百人，按各房分配，一切安排停當，房中從所有桌椅、古董起，以至痰盒撣帚，一草一苗，如有任何丟失或損壞，就和看守這處的奴僕算帳描賠——

> 一時看完，便又吩咐道："這二十個分作兩班，一班十個，每日在裏頭單管人客來往倒茶，別的事不用他們管。這二十個也分作兩班，每日單管本家親戚茶飯，別的事也不用他們管。這四十個人也分作兩班，單在靈前上香添油，掛幔守靈，供飯供茶，隨起舉哀，別的事也不與他們相干。這四個人單在內茶房收管杯碟茶器，若少一件，便叫他四個描賠。這四個人單管酒飯器皿，少一件，也是他四個描賠。這八個單管監收祭禮。這八個單管各處燈油、蠟燭、紙紮，我總支了來，交與你八個，然後按我的定數再往各處去分派。這三十個每日輪流各處上夜，照管門户，監察火燭，打掃地方。這下剩的按着房屋分開，某人守某處，

某處所有桌椅古董起，至於痰盒撣帚，一草一苗，或丟或壞，就和守這處的人算帳描賠。來升家的每日攬總查看，或有偷懶的，賭錢吃酒的，打架拌嘴的，立刻來回我。你有徇情，經我查出，三四輩子的老臉就顧不成了。如今都有定規，以後哪一行亂了，只和哪一行說話。素日跟我的人，隨身自有鐘錶，不論大小事，我是皆有一定的時辰。橫豎你們上房裏也有時辰鐘。卯正二刻我來點卯，巳正吃早飯，凡有領牌回事的，只在午初刻。戌初燒過黃昏紙，我親到各處查一遍，回來上夜的交明鑰匙。第二日仍是卯正二刻過來。說不得咱們大家辛苦這幾日罷，事完了，你們家大爺自然賞你們。”(第十四回)

除了上述各項分派之外，又命彩明（從榮國府帶過來的侍婢）負責統領中央的簿記工作。最後，各府又各添了三個職位：助理簿記、儲物室監督、出納員，協助理事。儘管事務紛繁，卻是職責並沒重疊。現將有關職權、責任簡列如下，以見一二(見表1)：

經過鳳姐悉心管理，寧府的家務大為改觀，井井有條，各人有各人的崗位，各人有各人的職責，員工的士氣也大為提高了——

眾人領了去，也都有了投奔，不似先時只揀便宜的做，剩下的苦差沒個招攬。各房中也不能趁亂失迷東西。便是人來客往，也都安靜了，不比先前一個正

擺茶，又去端飯，正陪舉哀，又顧接客。如這些無頭緒、荒亂、推託、偷閑、竊取等弊，次日一概都蠲了。（第十四回）

從這裏，我們可以清楚地看出僕人各有明確的權責。管理方法的改變，使僕婢的工作態度也有所改變。在治喪期間，無人可以像先前一樣，只揀便宜容易的做，其餘的苦差則故意怠慢。更重要的是，經過這樣的

僕婢隊伍	職權與責任
20 人分作兩班	單管客人來往倒茶
20 人分作兩班	單管本家親戚茶飯
40 人分作兩班	單在靈前上香添油、掛幔守靈、供飯供茶、隨起舉哀
4 人	單在茶房收管杯碟茶器
4 人	單管酒飯器皿
8 人	單管監收祭禮
8 人	單管各處燈油、蠟燭、紙紮
30 人	每日輪流各處上夜、照管門戶、監察火燭、打掃地方
約 100 人	按着房屋分開，某人守某處
1 人及助手	管理簿記及往來收發記錄
1 人及助手	監管物資儲存
1 人及助手	負責出納工作

表 1　鳳姐寧國府中確立的職權與責任

安排使那些僕人可以專注於自己的工作，不受無謂的干擾，正在做這一件事又被分派處理另一件事。從此可見，無論商業營運或是家庭管理，適當而合理的權責的確立，是成功管控及有效營運的先決條件。

憑證與記錄控制

現代企業的憑證是證明交易發生和交易的價格、性質及條件的證據。常見的憑證有發票、支票、合同和工時記錄。憑證經過簽名或者蓋章，還可作為交易執行和記錄職責的依據。預先編號的憑證對維持控制和確定職責是很有用的。預先編號有助於保證所有交易均已記錄和沒有交易被重複記錄。

《紅樓夢》第十四回描述鳳姐接管寧府，規定所有向公家領取物件，即使不是甚麼值錢的東西，都必一一登記清楚，"某人管某處，某人領某物"，以便查閱和追究。

> 説罷，又吩咐按數發與茶葉、油燭、雞毛撣子、笤帚等物。一面又搬取傢伙：桌圍、椅搭、坐褥、氈席、痰盒、腳踏之類。一面交發，一面提筆登記，某人管某處，某人領某物，開得十分清楚。(第十四回)

資產接觸與記錄使用

資產接觸與記錄使用，主要是指限制接近資產和接近重要記錄，以保證資產和記錄的安全。保護資產和記錄安全的最重要措施，就是採用實物防護措施。比如，將存貨存入倉庫以及把記錄和憑證交由專人保管，以防偷竊及竄改。賈府便有這些措施——

> 方才南安郡王、東平郡王、西寧郡王、北靜郡王四家王爺，並鎮國公牛府等六家，忠靖侯史府等八家，都差人持了名帖送壽禮來，俱回了我父親，先收在帳房裏了，禮單都上上檔子了。老爺的領謝的名帖都交給各來人了，各來人也都照舊例賞了。(第十一回)

獨立稽核

獨立稽核是指由另一個人或部門驗證執行的工作，以及所記錄金額的正確值。如企業的財務人員負責簽發支票、掌管日常現金收付的記錄，同時又負責企業費用帳目的對帳工作。假若該財務人員仿簽支票，侵吞公款，並隱瞞對侵吞公款的支票記錄，由於他同時亦負責對帳工作，使得他的舞弊行為很難被發現。故此，獨立稽核對保護資產，錯誤與舞弊情況的防止、發現及糾正，保證會計資料的真實和完整，有着非常重要的功能。

《紅樓夢》在第十四回，就有詳細的描述。例如，榮國府王興的媳婦，遞上帖兒領牌拿取色線以裝飾喪儀車輛。熙鳳首先查核所需數目無誤，然後命彩明登記，再取榮國府對牌擲下，以示批准王興媳婦之所需。另外，榮國府有四個執事人要領取物品領牌，熙鳳卻拒絕他們的要求，理由是他們想要四件，其實只需要兩件，與往日所需不符——

鳳姐（正在處置一名遲到的侍婢）且不發放這人，卻先問："王興媳婦作甚麼？"

王興媳婦巴不得先問他完了事，連忙進去說："領牌取線，打車轎網絡。"說着，將個帖兒遞上去。

鳳姐命彩明念道："大轎兩頂，小轎四頂，車四輛，共用大小絡子若干根，用珠兒線若干斤。"

鳳姐聽了，數目相合，便命彩明登記，取榮國府對牌擲下。王興家的去了。

鳳姐方欲說話時，見榮國府的四個執事人進來，都是要支取東西領牌來的。鳳姐命彩明要了帖念過，聽了一共四件，指兩件說道："這兩件開銷錯了，再算清了來取。"說着擲下帖子來。那二人掃興而去。

鳳姐因見張材家的在旁，因問："你有甚麼事？"

張材家的忙取帖兒回說："就是方才車轎圍作成，領取裁縫工銀若干兩。"

鳳姐聽了，便收了帖子，命彩明登記。待王興家的交過牌，得了買辦的回押相符，然後方與張材家的去領。一面又命念那一個，是為寶玉外書房完竣，支買紙料糊裱。鳳姐聽了，即命收帖兒登記，待張材家的繳清，又發與這人去了。（第十四回）

另外，王熙鳳每日都會對帳以免有所失誤——

鳳姐便叫彩明將一天零碎日用帳對過一遍，時已將近二更。大家又歇了一回，略說些閑話，遂叫各人安歇去罷。鳳姐也睡下了。(第八十八回)

三、現金管控的主要措施

總結《紅樓夢》內描述的現金支付系統，與今日的企業會計內部監控制度十分類似。例如要支付工銀，必須由奴僕先提出申請。王熙鳳或跟以往的會計記錄作比較，或諮詢買辦，查證是否屬實，如不實，則擲回申請；如屬實，則交簿記員彩明登記，由王熙鳳批准其申請，並擲下對牌。申請者即拿對牌和獲准申請單往銀庫領取工銀，經出納員核實對牌及已核准的支付款項，即可領取，支付所需，然後把對牌交回熙鳳，整樁現金支付才算完成。現將第十四回中寧府支付裁縫工錢的環節歸納如下圖（見圖 3），以見熙鳳現金管控的主要措施：

如圖 3 所示，某裁縫要支付工銀若干兩，須由管家媳婦正式書寫於申請帖上才算有效。熙鳳收了帖子，先將其所需與實況跟先前的會計記錄與預算對照核實，經命彩明登記，再將申請帖發給買辦作第二次核實。所有款項，未經查證，絕不可支付。待查明無誤，熙鳳擲下對牌，申請帖才發給管家的媳婦，方才生效，合法地支付。出納員核實對牌及已核准的數目，透過管家的媳婦，把工銀付與裁縫，直至對牌再送回與熙鳳，整樁現

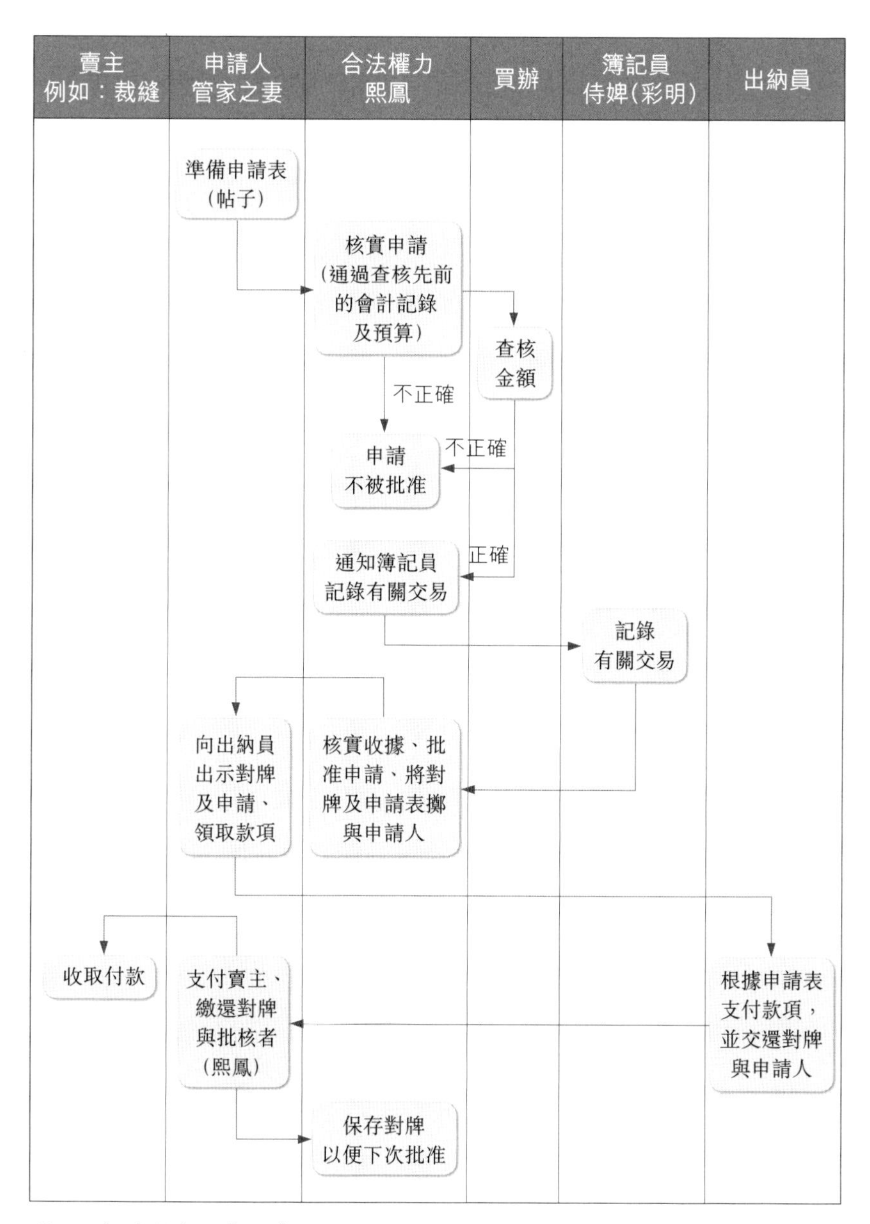
賣主
例如：裁縫
申請人
管家之妻
合法權力
熙鳳
買辦
簿記員
侍婢(彩明)
出納員
準備申請表
(帖子)
核實申請
(通過查核先前
的會計記錄
及預算)
查核
金額
不正確
不正確
申請
不被批准
正確
通知簿記員
記錄有關交易
記錄
有關交易
向出納員
出示對牌
及申請、
領取款項
核實收據、批
准申請、將對
牌及申請表擲
與申請人
收取付款
支付賣主、
繳還對牌
與批核者
(熙鳳)
根據申請表
支付款項，
並交還對牌
與申請人
保存對牌
以便下次批准

圖 3　奴僕領取現金程序

金支付才算完成。

上面所述的管控程式，包括了有效內部管控的重要元素。寧國府有效的管控，有以下幾方面是不可忽視的：給予應有的權利，獨立的職責，準確的記錄，以及交易的獨立核證。現金管控需要達到精確的水平，是基於現金容易被盜用的實際情況 —— 現金是所有流動資產中最容易盜用（高固有風險）的。同時，在 18 世紀的中國，銀行業尚未開始建立，在大家庭中，極有可能把大量現金存放於家中，也等於存着大量風險，要將大量的金錢管理妥當，自然需要精心設計有效的控制系統。

四、策略籌劃與控制

在一個充滿競爭和多變的環境中，能否持續經營、保持長期盈利能力是企業成敗的關鍵。要達到此長遠目標，企業需要有策略籌劃。在一個企業，策略籌劃需要有明確的目標，採取靈活手段以達到預期的目的。在清朝初期的政治氛圍下，大家族的未來在一定程度上依賴帝王的好惡而定，家族有不少很難預測的未知因素，因此長遠的策略籌劃與控制是極為需要的。在小說的第十三回，可以看到策略籌劃與控制的做法。

秦可卿看到賈府上下終日飽食，無所事事，只有“坐吃山空”，卻缺乏這種危機感。所以，在她臨死之時，托夢鳳姐 ——

> 秦氏道："……常言'月滿則虧，水滿則溢'，又道是'登高必跌重'。如今我們家赫赫揚揚，已將百載，一日倘或樂極悲生，若應了那句'樹倒猢猻散'的俗語，豈不虛稱了一世的詩書舊族了！"
>
> 鳳姐聽了此話，心胸大快，十分敬畏，忙問道："這話慮的極是，但有何法可以永保無虞？"
>
> 秦氏冷笑道："嬸子好癡也。否極泰來，榮辱自古周而復始，豈人力能可保常的。但如今能於榮時籌劃下將來衰時的世業，亦可謂常保永全了。即如今日諸事都妥，只有兩件未妥，若把此事如此一行，則後日可保永全了。"(第十三回)

秦可卿指出大家族"月滿則虧，水滿則溢"，"登高必跌重"，"盛筵必散"的必然趨勢，特別期望鳳姐"於榮時籌劃下將來衰時的世業"。她所擔憂的是祖塋祭祀無一定錢糧，以及家塾無一定供給。對於一個大家族來說有兩件最為重要的事項，一是慎終追遠使家族子孫得以繁衍，二是對子孫的培育以振家聲。所以諄諄告戒鳳姐說："若目今以為榮華不絕，不思後日，終非長策。眼見不日又有一件非常喜事，真是烈火烹油，鮮花着錦之盛。要知道，也不過是瞬息的繁華，一時的歡樂，萬不可忘了那'盛筵必散'的俗語。此時若不早為後慮，臨期只恐後悔無益了。"

關於未來策略籌劃與控制的忠告，在小說的第十三回便具體詳細講解了如何運作。首先，榮、寧兩府開始在祖塋附近多置田莊房舍耕地，使有固定收入，以供將來族中長幼讀書，以及四時祭祀祖先之費。其次，家塾也應設近祖塋，萬一有罪，這祭祀產業可免被充公。第三，有關的公產投資，須各房輪流執行。這輪流管理的安排，使任何一個人都不易侵吞家產，非法佔用。在當時的社會環境，這些都是極有見地的長遠戰略性籌劃，與今日家族企業管治所需的長遠策劃在意識形態上十分相似。

第 4 章

賈探春的財政改革與管理會計

無可置疑，無論是決策，還是管理，人的因素第一。曹雪芹看到賈府日趨沒落，日薄西山，他希望有一個強有力的強人出現，挽救狂瀾於既倒。在他看來，要使賈府有望重新走旺盛之路，非有一個敢於革新，敢於大刀闊斧進行改革的人物不可。曹雪芹可以說是最早提出對家族企業進行改革的人。賈探春就是曹雪芹心中的理想人物。

曹雪芹對賈探春的賞識也表現出她用人惟才，英雄不論出處的思想。探春乃是趙姨娘所生，份屬庶出，在眾子女之中，被認為是次一級的。但曹雪芹認為她並沒因此而造成對賈府的疏離，更不能否定她出拔的才能。在曹雪芹筆下，探春不僅有才華，能吟詩作賦，更重要的是她有魄力、有決斷，敢於站出來，為這個家族上下排難解紛。和鳳姐比較，探春知書識字，所以連鳳姐也要讓她三分。加上她不貪婪，處世大方，連鳳姐也說她是“烏鴉窩裏的鳳凰”。在曹雪芹看來，這個百年家族，百孔千瘡，亟需要像賈探春這樣的人物來修補和改革。在《紅樓夢》第五十五、五十六兩回中，就記述了賈探春代替王熙鳳處理榮國府的財務管理所作出的改革。

家族企業大夫——賈探春

拿破崙說過：“一隻獅子率領一羣綿羊，可以戰勝綿羊率領的一羣獅子。”這句話告訴我們，一個決策者、管治者的決定和管理是何等重要。要改革，就會有一定的困難、有一定的風險、有一定的阻力，而且決策和奮鬥的目標越宏偉，困難、風險和阻力就越大，所以決策者必須要有百折不撓，越挫越堅和敢於冒風險的勇氣。一般說來，成功的決策者應不懼怕困難，充其量是吃苦受累。可是在實務上很多風險並不是大多數決策者管理者所敢於承擔的。

作為一個優秀的改革者，不但要有一顆火熱的心，要有理想、抱負和熱情，還必須有一個冷靜的頭腦。具體來說，必須有敏銳的觀察力，深刻的分析能力，簡潔的綜合能力和巧妙的創新能力。曹雪芹也許看到賈探春這種別人所沒有的熱情和意志，而給予她肩負如此重大的歷史使命。

許多出色的改革者都非常重視發動集體的智慧，集思廣益。在國外，大公司往往重金購買職工的建議，一方面是想從中發現生產、經營和技術上的問題，汲取改進意見；另一方面則可提高士氣，讓企業上下全心全意投入工作。調動員工的積極性，關鍵是領導人要有民主的作風。決策者不能自視高明，自封"領袖"，必須耐心地向員工宣傳解釋自己的主張。決策者必須知人善任，發揮每個人的特長，還要大膽授權，相信別人會做得好。

要提升家族企業成員的積極性，決策者、管理者必須認真聽取爭論性的意見和反對者的意見。在領導人面前相同的意見大家都敢講，但是不中聽的話或不同的意見，由於往往不容易被領導人所接受，因此大多不敢講。不敢講，也就不容易被聽到，也就可能失去了一些寶貴的意見，所謂"兼聽則明，偏聽則暗"。不同的意見，既能暴露矛盾，深化思路，也能夠提供多種方案，互相啟發，取長補短。

自鳳姐因流產而病倒，賈府的財政管理陷於癱瘓，李紈和探春代理賈府的財政管理。後來還加上薛寶釵的協助，組成榮國府的理財小組，有商有量，對問題作出深入的分析，作出可行的決策。這是非常難得的做法，比一般舊家族的"一言堂"明智得多，其決策高明得多，這是曹雪芹在這部小說中極具進步意義的一面。我們知道，決策往往要依靠集體，才能產生偉大的思想，才能把偉大的思想變成偉大的實踐。但是許多決策者並不懂得這個道理，往往高高在上，過分高估自己的才能，過分看重自己的作用，這正是傳統家庭家長制的常見現象。

探春明白自己乃庶出的身分，但她依禮而行，不亢不卑。她對賈母，對王夫人都尊敬有加，希望得到她們的歡心，也頗得她們的歡心。但是探春有她倔強的個性，有她做人的原則，有她做人的尊嚴，對於這樣一個庶出的子女，賈府上下對她是刮目相看的。

當探春開始管理賈家的財政的時候，奴僕們都不大在意，但是，過了三、四天，便覺得她硬朗的工作作風，不是他們所想像那麼好應付的了——

> 眾人先聽見李紈獨辦，各各心中暗喜，以為李紈素日原是個厚道多恩無罰的，自然比鳳姐兒好搪塞。便添了一個探春，也都想着不過是個未出閨閣的輕年小姐，且素日也最平和

> 恬淡，因此都不在意，比鳳姐兒前更懈怠了許多。只三四日後，幾件事過手，漸覺探春精細處不讓鳳姐，只不過是言語安靜，性情和順而已。（第五十五回）

探春出面理家，是得到王夫人的推薦的。平兒在探春掌管賈府的家務時就對那些人說："三姑娘雖是個姑娘，你們都橫看了她，二奶奶這些大姑子小姑子裏頭，也就只單畏她五分。"賈璉的親隨興兒也曾說："三姑娘的渾名是'玫瑰花'，……玫瑰花又紅又香，無人不愛的，只是有刺戳手。"（第六十五回）。她願做一個理直氣壯的人，而決不做一個低三下四的人。探春並沒有因為自己是庶出而看不起自己、意氣消沉，永遠保持着要"幹一番事業"的信心和決心，同時要擔負起賈府這樣一個龐大家族的管家並推行改革，探春必須樹立她的威信，以致被賈府上下稱之為"鎮山太歲"——

> 可巧連日有王公侯伯世襲官員十幾處，皆係榮寧非親即友或世交之家，或有升遷，或有黜降，或有婚喪紅白等事，王夫人賀吊迎送，應酬不暇，前邊更無人。他二人便一日皆在廳上起坐。寶釵便一日在上房監察，至王夫人回方散。每於夜間針線暇時，臨寢之先，坐了小轎帶領園中上夜人等各處巡察一次。他三人如此一理，更覺比鳳姐兒當差時倒更謹慎了些。因而裏外下人都暗中抱怨說："剛剛的倒了一個巡海夜叉，又添了三個鎮山太歲，越性連夜裏偷着吃酒頑的工夫都沒了。"（第五十五回）

曹雪芹給探春經濟改革的評價是："敏探春興利除宿弊"。探春辦公的地方，曹雪芹安排在一個叫做"議事廳"的地方，上面掛着一個牌匾，寫着"輔仁諭德"四個字，意謂對己要常補仁愛之不足，對人應宣諭良好的德性，是為自謙自勉之詞，也隱含了曹雪芹對探春的頌揚，也是曹雪芹的期望，從家族管治的變革到社會的變革。顯然，作者很滿意探春的做法，因為這不僅僅是因為她能夠去除宿弊，採取"節流"的措施，節約了那麼幾個錢的問題，而是她能夠大膽改變大觀園的管理施政方針，採取了重要的"開源"舉措。總之，一個精明的決策者絕不能因循守舊，無所作為，而應當為提高經濟效益作出大膽而堅實的決策。要成就一種事業，必須具有革新的精神，敢於向傳統挑戰。探春大膽革新的做法便具備這種精神。

探春的財政改革

一、成本與管理會計對企業決策的重要性

企業無論在日常的經營決策或實行改革措施前，首先要對其內部營運問題有及時的了解與確認，搜集資訊，然後擬定可行方案，選擇及執行可行方案，以及對方案執行加以適當的控制與回饋。因此，有用且及時的攸關性資訊對企業管理人員作決策或改革是非常重要的。

成本與管理會計的功能，在於提供企業內部管理人員有關的會計訊息，以利於企業內部管理規劃、計算成本，以及評估各種績效之用。簡言之，成本與管理會計是為提高經營效率和效益而建立的各種內部會計控制制度，提供內部管理需要的各種數據、資料等，以協助管理人員做好營運活動的規劃，監督和控制等決策，進而提升企業經營績效。例如，若管治者察覺企業內部的動力不佳，績效不好，須從管理制度診斷起，搜集規劃攸關的資訊，從而作出正確的判斷，採取正確的改革措施。在現今的商業社會，成本及管理會計亦有助企業預測將來的盈利，從而推算企業日後的股價走勢。

探春掌執賈府財政不久，遇到的第一件棘手的事，就是趙姨娘的弟弟趙國基去世，欲向探春拿取殮葬費，吳新登的媳婦故意不提供任何資料，考驗她的辦事能力。且看探春如何運用會計記錄及成本會計的原理來處理這件事情 ——

> 剛吃茶時，只見吳新登的媳婦進來回說："趙姨娘的兄弟趙國基昨日死了。昨日回過太太，太太說知道了，叫回姑娘奶奶來。"說畢，便垂手旁侍，再不言語。
>
> 彼時來回話者不少，都打聽他二人辦事如何：若辦得妥當，大家則安個畏懼之心；若少有嫌隙不當之處，不但不畏伏，出二門還要編出許多笑話來取笑。吳新登的媳婦心中已有主意，若是鳳姐前，他便早已獻勤說出許多主意，又查出許多舊例來任鳳姐兒揀擇施行。如今他藐視李紈老實，探春是青年的姑娘，所

以只說出這一句話來，試他二人有何主見。探春便問李紈。李紈想了一想，便道："前兒襲人的媽死了，聽見說賞銀四十兩。這也賞他四十兩罷了。"

吳新登家的聽了，忙答應了是，接了對牌就走。探春道："你且回來。"

吳新登家的只得回來。探春道："你且別支銀子。我且問你：那幾年老太太屋裏的幾位老姨奶奶，也有家裏的也有外頭的這兩個分別。家裏的若死了人是賞多少，外頭的死了人是賞多少，你且說兩個我們聽聽。"

一問，吳新登家的便都忘了，忙陪笑回說："這也不是甚麼大事，賞多少誰還敢爭不成？"

探春笑道："這話胡鬧。依我說，賞一百倒好。若不按例，別說你們笑話，明兒也難見你二奶奶。"

吳新登家的笑道："既這麼說，我查舊帳去，此時卻記不得。"

探春笑道："你辦事辦老了的，還記不得，倒來難我們。你素日回你二奶奶也現查去？若有這道理，鳳姐姐還不算利害，也就是算寬厚了！還不快找了來我瞧。再遲一日，不說你們粗心，反像我們沒主意了。"

吳新登家的滿面通紅，忙轉身出來。眾媳

婦們都伸舌頭。這裏又回別的事。

一時，吳家的取了舊帳來。探春看時，兩個家裏的賞過皆二十兩，兩個外頭的皆賞過四十兩。外還有兩個外頭的，一個賞過一百兩，一個賞過六十兩。這兩筆底下皆有原故：一個是隔省遷父母之柩，外賞六十兩；一個是現買葬地，外賞二十兩。探春便遞與李紈看了。

探春便說："給他二十兩銀子。把這帳留下，我們細看看。"吳新登家的去了。(第五十五回)

我們從探春在處理事務的過程中，可以看到她如何透過查閱舊帳而取得所需資料以作決策，同時利用以往的慣例、規則作指引。這亦顯示設有詳細記錄帳簿對家族管治的重要性。此外，我們一方面可看出探春是精明的企業大夫，能及時了解問題並作出合理的決定。另一方面亦可從她的決策過程中，明白成本會計裏相關成本這概念的重要性。所謂"相關成本"，是指直接影響某項工程或決策的成本。每一項工程都有其獨特的地方。因此，我們必須考慮這些獨特因素對成本的影響，以決定這項工程應有成本。同時由於決策是面向未來的，所以只有未來成本才是相關成本。已經發生的成本與現在要做的決策無關，亦即是無關成本。但是在此決策過程中，我們也要依靠過往的成本會計記錄，作為推算現今工程項目應有成本的基礎。探春在決定殮葬費時，考慮因素包括人是家裏或是外頭、是否需隔省遷柩或是現買葬地。推算成本時，要實事求是，不應因親情或政治因素影響成本的計算。

探春的生母趙姨娘，不僅不理解探春的難處，還大吵大鬧要探春多賞，令她下不了台。這一事件對探春確實是一個不小的考驗。然而，探春知道，要是這樣破壞了規矩，不僅引起王夫人的不滿，也成為眾人的笑柄，指她辦事不公，以權謀私。探春堅決按照已定慣例辦事，以示公平，堅決拒絕趙姨娘不合理的要求。曹雪芹以"辱親女愚妾爭閑氣"為題為這一幕作了生動的描述——

趙姨娘道："……我這屋裏熬油似的熬了這麼大年紀，又有你和你兄弟，這會子連襲人都不如了，我還有甚麼臉？連你也沒臉面，別說我了！"

探春笑道："原來為這個。我說我並不敢犯法違理。"一面便坐了，拿帳翻與趙姨娘看，又念與他聽，又說道："這是祖宗手裏舊規矩，人人都依着，偏我改了不成？也不但襲人，將來環兒收了外頭的，自然也是同襲人一樣。這原不是甚麼爭大爭小的事，講不到有臉沒臉的話上。他是太太的奴才，我是按着舊規矩辦。說辦的好，領祖宗的恩典、太太的恩典；若說辦的不均，那是他糊塗不知福，也只好憑他抱怨去。太太連房子賞了人，我有甚麼有臉之處；一文不賞，我也沒甚麼沒臉之處。依我說，太太不在家，姨娘安靜些養神罷了，何苦只要操心。太太滿心疼我，因姨娘每每生事，幾次寒心。我但凡是個男人，可以出得去，我必早走了，立一番事業，那時自有我一番道理。偏我是女孩兒家，一句多話也沒有我亂説的。太太滿心裏都知道。如今因看重我，才叫我照管家務，還沒有做一件好事，姨娘倒先來作踐我。倘或太太知道了，怕我為難不叫我管，那才正經沒臉，連姨娘也真沒臉！”一面説，一面不禁滾下淚來。……

趙姨娘氣的問道：“誰叫你拉扯別人去了？你不當家我也不來問你。你如今現説一是一，説二是二。如今你舅舅死了，你多給了二三十兩銀子，難道太太就不依你？分明太太是好太太，都是你們尖酸刻薄，可惜太太有恩無處使。姑娘放心，這也使不着你的銀子。明兒等出了閣，我還想你額外照看趙家呢。如今沒有長羽毛，就忘了根本，只揀高枝兒飛去了！”……

平兒笑道：“奶奶説，趙姨奶奶的兄弟沒了，恐怕奶奶和姑娘不知有舊例，若照常例，只得二十兩。如今請姑娘裁奪着，再添些也使得。”

探春早已拭去淚痕，忙説道：“又好好的添甚麼，誰又是二十四個月養下來的？不然也是那出兵放馬背着主子逃出命來過的人不成？你主子真個倒巧，叫我開了例，他做好人，拿着太太不心疼的錢樂的做人情。你告訴他，我不敢添減混出主意。他添他施恩，等他好了出來，愛怎麼添了去。”平兒一來時已

明白了對半，今聽這一番話，越發會意，見探春有怒色，便不敢以往日喜樂之時相待，只一邊垂手默侍。(第五十五回)

面對生母趙姨娘無理的指責，探春只有堅持，不以親而寬，不以疏而嚴，不能因為趙姨娘是生母而徇私。如果因此而“犯法違理”，失棄原則，破壞賈府合理及行之已久的慣例，必然使以後的管治陷於混亂，進退失據。探春不為無理的壓力所動搖和對處事原則的執着的做法，使她執掌賈府的財政管理得以有效進行，賈府上下對她也刮目相看。探春的公平、公正、公開的處事態度，連鳳姐要個人情，她也不賣帳，令眾人不得不心服口服，自然贏得賈府上下的讚賞，從而樹立她在賈府的威信。

二、預算與成本控制

企業要確保資源得到經濟而有效的利用，同時能保證企業長遠發展目標的實現，便必須要編制企業預算。企業預算就是企業的綜合財務計劃，除了資本支出預算外，企業預算通常包括經營預算和財務預算兩部分。經營預算包括銷售（收入）預算及成本（支出）預算。預算把企業一定時期內要實現的計劃量化為具體可執行的目標，故此編制企業預算可以促進管理當局明確未來方向，預見問題，把握潛在機會並制訂相應未來發展政策。同時，預算預計了企業經營活動所需消耗的各種資源。因此，對經營活動的控制可以透過實際資源耗用和預算目標的比較來實現。透過這比較，管理者可以發現差異，並分析產生差異的原因，以便及時採取補救措施。

像賈府這種大家族，收入及支出預算最為重要。探春從榮國府每月津貼所做的預算，對比以往原有的實際情況，以及其他方面經常性的收入，觀察到問題，從而做了有效的改善。探春查核賈府現存的月錢預算時，榮國府中每一房的開支都是有所預算的，按人所作預算的金額，並不如每月例錢的預算一般固定。在書中所記載，每月例錢的預算：王夫人二十兩、熙鳳五兩、姑娘和哥爺們每人二兩、丫鬟一兩或少些，視乎其人在各房的地位而定。而每個哥兒上學，一年可另有八兩零用錢。這一筆另加的零用錢，特別讓探春感到生氣。這明顯是資源浪費，她認為凡哥爺們的使用，都應是各房裏月錢之內。她知道，要減省支出，堵塞預算的漏洞是必行的一步。這方面的情況，我們看到在第五十五、五十六兩回有所記述。

例如探春首先蠲除了少爺們每年上學的點心費，直接動搖了公子哥兒的利益，可是她毫不畏懼。平兒也認為做得好——

> （平兒）又陪笑向探春道：“姑娘知道二奶奶本來事多，那裏照看的這些，保不住不忽略。俗語說，‘旁觀者清’，這幾年姑娘冷眼看着，或有該添該減的去處二奶奶沒行到，姑娘竟一添減，頭一件於太太的事有益，第二件也不枉姑娘待我們奶奶的情義了。”
>
> 話未說完，寶釵李紈皆笑道：“好丫頭，真怨不

得鳳丫頭偏疼他！本來無可添減的事，如今聽你一說，倒要找出兩件來斟酌斟酌，不辜負你這話。”

探春笑道：“我一肚子氣，沒人煞性子，正要拿他奶奶出氣去，偏他碰了來，說了這些話，叫我也沒了主意了。”一面說，一面叫進方才那媳婦來問：“環爺和蘭哥兒家學裏這一年的銀子，是做哪一項用的？”

那媳婦便回說：“一年學裏吃點心或者買紙筆，每位有八兩銀子的使用。”

探春道：“凡爺們的使用，都是各屋領了月錢的。環哥的是姨娘領二兩，寶玉的是老太太屋裏襲人領二兩，蘭哥兒的是大奶奶屋裏領。怎麼學裏每人又多這八兩？原來上學去的是為這八兩銀子！從今兒起，把這一項蠲了。平兒，回去告訴你奶奶，我的話，把這一條務必免了。”

平兒笑道：“早就該免。舊年奶奶原說要免的，因年下忙，就忘了。”那個媳婦只得答應着去了。(第五十五回)

一個管治者縱使厲行節約，也不能令人感到吝嗇，也要使人覺得合情合理，要把錢銀用得其所，用得適當。探春繼而又蠲了姑娘丫頭們每月二兩的脂粉錢，但又能設法解決眾人的需要。曹雪芹是這樣描寫探春對這個問題的處理——

平兒進入廳中，他姊妹三人正議論些家務，說的便是年內賴大家請吃酒，他家花園中事故。見他來了，探春便命他腳踏上坐了，因說道："我想的事不為別的，因想着我們一月有二兩月銀外，丫頭們又另有月錢。前兒又有人回，要我們一月所用的頭油脂粉，每人又是二兩。這又同剛才學裏的八兩一樣，重重疊疊，事雖小，錢有限，看起來也不妥當。你奶奶怎麼就沒想到這個？"

平兒笑道："這有個原故：姑娘們所用的這些東西，自然是該有分例。每月買辦買了，令女人們各房交與我們收管，不過預備姑娘們使用就罷了，沒有一個我們天天各人拿錢找人買頭油又是脂粉去的理。所以外頭買辦總領了去，按月使女人按房交與我們的。姑娘們的每月這二兩，原不是為買這些的，原為的是一時當家的奶奶太太或不在，或不得閑，姑娘們偶然一時可巧要幾個錢使，省得找人去。這原是恐怕姑娘們受委屈，可知這個錢並不是買這個才有的。如今我冷眼看着，各房裏的我們的姊妹都是現拿錢買這些東西的，竟有一半。我就疑惑，不是買辦脫了空，遲些日子，就是買的不是正經貨，弄些使不得的東西來搪塞。"

探春李紈都笑道："你也留心看出來了。脫空是沒有的，也不敢，只是遲些日子；催急了，不知哪裏弄些來，不過是個名兒，其實使不得，依然得現買。就用這二兩銀子，另叫別人的奶媽子的或是弟兄哥哥的兒子買了來才使得。若使了官中的人，依然是那一樣的。不知他們是甚麼法子，是鋪子裏壞了不要的，他們都弄了來，單預備給我們？”

平兒笑道：“買辦買的是那樣的，他買了好的來，買辦豈肯和他善開交，又說他使壞心要奪這買辦了。所以他們也只得如此，寧可得罪了裏頭，不肯得罪了外頭辦事的人。姑娘們只能可使奶媽媽們，他們也就不敢閑話了。”

探春道：“因此我心中不自在。錢費兩起，東西又白丟一半，通算起來，反費了兩摺子，不如竟把買辦的每月蠲了為是。”（第五十六回）

無可置疑，由中央採購化妝品這措施本意是良好的，其唯一目的是避免每房有需要時，隨時使侍婢出外購置。但探春相信這並不是最好的方法，特別是化妝品由中央統購，品質通常不會好，而且每人的喜好都有不同，很多時需要自己另行購買，因此這種做法應該廢除。這一項改革顯示了當某一運作，不能達到其預期目標時，採取果斷、正確的措施是必需的。在這兩回，可看到家族預算的基礎在於對成本的控制。

三、責任會計

責任會計是指在企業內部建立責任中心體系，並對他們分工負責的經濟活動進行規劃、控制、考核與評價的一套會計系統。它是企業管理會計系統的一個子系統，是支持企業實行分權經營的必要條件。分權管理是指將決策權授予分部的管理方法。企業實行分權管理的原因有：(1) 便於收集、利用當地信息；(2) 有利於公司高層進行宏觀管理；(3) 有利於培訓、激勵分部的經理人員；(4) 將分部推向市場以增加競爭力。

責任中心是指由內部經營部門或單位的經理人員承擔一定的經濟責任，並在企業內部擁有相應的管理權限。責任中心的劃分與確立是實行責任會計的基礎。一般來說，在分權經營下，劃分責任中心通常與決策權力的分配、專門性信息的傳遞與分享方式聯繫在一起。透過責任中心的劃分，可以把企業總預算分解到掌握一定決策權力和擁有一定的專門性信息的各個責任人。從實踐情況看，責任中心大致可分為三類：

成本中心

指那些只對成本或費用發生狀況承擔責任的責任中心。具體來說就是部門經理只對本部門發生的成本或費用承擔責任，而不對收入經營活動負責。在企業中，生產製造部門、研發部門、管理部門、財務部門等都是成本中心。

利潤中心

指那些不僅要對成本承擔責任，還要對收入賺取狀況承擔責任的責任中心。也就是說，部門經理對本部門獲得的利潤大小負有責任。而且，部門經理人員被同時賦予生產和銷售的職責，他們可以決定生產哪種產品、如何生產、質量水平、價格等。為了使部門的經營達到最優，經理人員要在價格、產量、質量和成本之間進行權衡。

投資中心

指那些不僅對成本控制和收入賺取狀況承擔責任，而且還要對開展經營活動所涉及的營運資本和實物資產投資作決策承擔的責任中心。也就是說，這類部門的經理決策權力更大，他們在負責本部門成本和利潤的同時，還要對資本支出決策、存貨量決策、應收帳款管理、壞帳收回與處理和原輔材料採購等經營活動負責。

一般規模的家族企業，較常設立成本中心和利潤中心。而相較成本中心，利潤中心可以激勵員工承擔責任、進行決策。在《紅樓夢》裏，我們亦可看到分權管理和利潤中心的概念。

探春受到賴家園子作業的啟發，大膽地把大觀園的土地、池塘、花草、樹木，分片包給那些工作勤敏和富有經驗的奴僕，讓她們經營管理，收穫由他們出售。這措施如同將大觀園劃分成利潤中心。大觀園的主子向她們直接收取部分利潤（實物或貨幣），奴僕有權制訂資源供應、經營管理決策並有自行定價的權力。向主子所繳納的銀兩則作為大觀園工作的僕婦的年終賞錢。這種變大觀園為生產園的措施，使大觀園的僕婦每年可得二三百兩銀子的"小補"，賈府每年可省下四、五百兩銀子的開支。這是探春在主政賈府財政時所作出的一項重大改革——

> (探春對平兒說)"…… 年裏往賴大家去，你也去的，你看他那小園子比咱們這個如何？"
>
> 平兒笑道："還沒有咱們這一半大，樹木花草也少多了。"
>
> 探春道："我因和他家女兒說閑話兒，誰知那麼個園子，除他們帶的花、吃的筍菜魚蝦之外，一年還有人包了去，年終足有二百兩銀子剩。從那日我才知道，一個破荷葉，一根枯草根子，都是值錢的。"(第五十六回)

薛寶釵聽了說："天下沒有不可用的東西，既可用，便值錢。"探春她們變廢棄為有用，變坐耗為增產，杜絕貨棄於地的惡習。既有改革的方向，要如何實施這個計劃，以獲得最好的效益，這是每個決策者和管理者所要周詳考慮的問題，否則，再好的計劃也等於白費。探春在總結各方面情況後，對計劃的實施作了這樣的分析——

> 探春因又接說道："咱們這園子只算比他們的多一半，加一倍算，一年就有四百銀子的利息。若此時也出脫生發銀子，自然小器，不是咱們這樣人家的事。若派出兩個一定的人來，既有許多值錢之物，一味任人作踐，也似乎暴殄天物。不如在園子裏所有的

老媽媽中，揀出幾個本分老誠能知園圃的事，派准他們收拾料理，也不必要他們交租納稅，只問他們一年可以孝敬些甚麼。一則園子有專定之人修理，花木自有一年好似一年的，也不用臨時忙亂；二則也不至作踐，白辜負了東西；三則老媽媽們也可借此小補，不枉年日在園中辛苦；四則亦可以省了這些花兒匠山子匠打掃人等的工費。將此有餘，以補不足，未為不可。”(第五十六回)

這確是一個美好的計劃，寶釵和李紈聽了，也極表贊同——

寶釵正在地下看壁上的字畫，聽如此說一則，便點一回頭，說完，便笑道：“善哉，三年之內無饑饉矣！”

李紈笑道：“好主意。這果一行，太太必喜歡。省錢事小，第一有人打掃，專司其職，又許他們去賣錢。使之以權，動之以利，再無不盡職的了。”

四、知人善用

作為一個有智慧的管理者，善於用人可說是必須具備的條件之一。所謂善於用人，就是要發掘他人的潛能，並把他安置在最合適的位置，這是提高生產效率的保證。美國學者泰勒（Frederick W. Taylor）根據自己的實踐經驗和對工人的操作方法、勞動時間的研究，寫了《科學管理原理》一書，提出了許多很有見地的管理思想。他認為，科學管理的中心是提高勞動生產率。為了發揮工人的勞動潛力，應制訂出工作定額，同時配合"差別工資制度"，以鼓勵工人充分地發揮個人積極性；並應對工人進行科學的選擇、培訓和提升能力。他強調，人具有不同稟賦和才能，只要工作對他合適，都可能成為第一流的工人，正像身強力壯的小伙子是第一流的幹重活的工人，心靈手巧的女工則是幹精細活第一流的工人。管理者與職工之間應衷誠合作，以便保證工作能依照科學的原則來進行。他認為：僱主關心的是降低成本，而工人關心的則是提高工資，兩者必須取得平衡。而要達到良好的勞資關係，必須認真改變僱主和工人之間互相指責，互相懷疑，甚至對抗和不合作現象，使他們認識到，只要他們停止互相間的爭奪，使他們肩並肩地朝同一方向共同努力，他們共同努力所創造的盈餘可以是極為可觀的，不僅足夠給工人大幅度增加工資，並為企業增加了利潤。

根據這樣的原則，探春對由甚麼人來承包大觀園的各項作業，也作了深入的思考。當這個計劃出籠之後，不僅得到鳳姐的首肯，也得到眾人的讚賞，反應熱烈，眾人都願意承包，其改革方案有了廣泛的認受性——

探春聽了，便和李紈命人將園中所有婆子的名單要來，大家參度，大概定了幾個。又將他們一齊傳來，李紈大概告訴與他們。

眾人聽了，無不願意，也有說："那一片竹子單交給我，一年工夫，明年又是一片。除了家裏吃的筍，一年還可交些錢糧。"

這一個說："那一片稻地交給我，一年這些頑的大小雀鳥的糧食不必動官中錢糧，我還可以交錢糧。"（第五十六回）

探春在處理分工的問題上，薛寶釵提出了很好的意見，她說："幸於始者怠於終，繕其辭者嗜其利。"意思是說，做事一看有利可圖時就有僥倖的想法，但做起事就難免虎頭蛇尾；一個說得好聽的人，總愛貪小便宜，說起甚麼都行的人，但做起事就未必行。一個計劃由甚麼人去實施是完成這個計劃的關鍵，所以探春對這個問題特別謹慎處理——

探春聽了點頭稱讚，便向冊上指出幾人來與他三人看。平兒忙去取筆硯來。他三人說道："這一個老祝媽是個妥當的，況他老頭子和他兒子代代都是管打掃竹子，如今竟把這所有的竹子交與他。這一個老田媽本是種莊稼的，稻香村一帶凡有菜蔬稻稗之類，雖是頑意兒，不必認真大治大耕，也須得他去，再一按時加些培植，豈不更好？"

探春又笑道："可惜，蘅蕪苑和怡紅院這

兩處大地方竟沒有出利息之物。”

李紈忙笑道：“蘅蕪苑更利害。如今香料鋪並大市大廟賣的各處香料香草兒，都不是這些東西？算起來比別的利息更大。怡紅院別説別的，單只説春夏天一季玫瑰花，共下多少花？還有一帶籬笆上薔薇、月季、寶相、金銀藤，單這沒要緊的草花乾了，賣到茶葉鋪藥鋪去，也值幾個錢。”

探春笑道：“原來如此。只是弄香草的沒有在行的人。”

平兒忙笑道：“跟寶姑娘的鶯兒他媽就是會弄這個的，上回他還採了些曬乾了辦成花籃葫蘆給我頑的，姑娘倒忘了不成？”

寶釵笑道：“我才讚你，你倒來捉弄我了。”

三人都詫異，都問這是為何。寶釵道：“斷斷使不得！你們這裏多少得用的人，一個一個閑着沒事辦，這會子我又弄個人來，叫那起人連我也看小了。我倒替你們想出一個人來：怡紅院有個老葉媽，他就是茗煙的娘。那是個誠實老人家，他又和我們鶯兒的娘極好，不如把這事交與葉媽。他有不知的，不必咱們説，他就找鶯兒的娘去商議了。那怕葉媽全不管，竟交與那一個，那是他們私情兒，有人説閑話，也就怨不到咱們身上了。如此一行，你們辦的又至公，於事又甚妥。”

李紈平兒都道：“是極。”

探春笑道：“雖如此，只怕他們見利忘義。”

平兒笑道："不相干，前兒鶯兒還認了葉媽做乾娘，請吃飯吃酒，兩家和厚的好的很呢。"探春聽了，方罷了。又共同斟酌出幾人來，俱是他四人素昔冷眼取中的，用筆圈出。

……探春與李紈明示諸人：某人管某處，按四季除家中定例用多少外，餘者任憑你們採取了去取利，年終算帳。(第五十六回)

一個人總有他的長處，只要管理者能夠發掘其長處，給予發揮的機會，安排在最適合的位置，必定能把事情辦好。所謂人的因素第一，一個計劃能否完成，就看你能否知人善用。

五、利益分配

對於一個家族企業來說，權益的合理分配是極為重要的一個環節。大觀園以承包制經營，無疑提高了他們的積極性，提高產品的數量和質量，從而增加收益，也就是合理的生產方式，必然大大地提高了勞動生產力。探春的這種改革措施，打破了傳統的管理方式，從歷史的發展來看是有積極意義的。如果她的改革得以繼續和推廣的話，對挽救家族的經濟是有極大的意義的。探春的改革是大刀闊斧的，把大觀園的經營，所得利潤獨立核算，用於經營者本身，避免被吳新登之類的賈府的總管"又剝一層皮"。

> 探春笑道：“我又想起一件事：若年終算帳歸錢時，自然歸到帳房，仍是上頭又添一層管主，還在他們手心裏，又剝一層皮。這如今我們興出這事來派了你們，已是跨過他們的頭去了，心裏有氣，只說不出來；你們年終去歸帳，他們還不捉弄你們等甚麼？再者，這一年間管甚麼的，主子有一全分，他們就得半分。這是家裏的舊例，人所共知的，別的偷着的在外。如今這園子裏是我的新創，竟別入他們手，每年歸帳，竟歸到裏頭來才好。”（第五十六回）

對於經濟作業的收益必須合理分配，必須用在最有價值的地方。這是經濟改革的一個重要課題。在探春推行的經濟改革計劃中，寶釵對於園子承租的收益提出了極為合理的意見，她首先考慮到下人的福利，這在當時的傳統經濟制度下，確實是探春這一次經濟改革的又一突破——

> 寶釵笑道：“依我說，裏頭也不用歸帳，這個多了，那個少了，倒多了事。不如問他們誰領這一分的，他就攬一宗事去。不過是園裏的人的動用。我替你們算出來了，有限的幾宗事：不過是頭油、胭粉、香、紙，每一位姑娘幾個丫頭，都是有定例的；再者，各處笤帚、撮簸、撣子並大小禽鳥、鹿、兔吃的糧食。不過這幾樣，都是他們包了去，不用帳房去領錢。你算算，就省下多少來？”
>
> 平兒笑道：“這幾宗雖小，一年通共算了，也省

的下四百兩銀子。”

寶釵笑道：“卻又來，一年四百，二年八百兩，取租的房子也能看得了幾間，薄地也可添幾畝。雖然還有敷餘的，但他們既辛苦鬧一年，也要叫他們剩些，粘補粘補自家。雖是興利節用為綱，然亦不可太嗇。縱再省上二三百銀子，失了大體統也不像。所以如此一行，外頭帳房裏一年少出四五百銀子，也不覺得很艱嗇了，他們裏頭卻也得些小補。這些沒營生的媽媽們也寬裕了，園子裏花木，也可以每年滋長蕃盛，你們也得了可使之物。這庶幾不失大體。若一味要省時，哪裏不搜尋出幾個錢來。凡有些餘利的，一概入了官中，那時裏外怨聲載道，豈不失了你們這樣人家的大體？如今這園裏幾十個老媽媽們，若只給了這個，那剩的也必抱怨不公。我才說的，他們只供給這個幾樣，也未免太寬裕了。一年竟除這個之外，他每人不論有餘無餘，只叫他拿出若干貫錢來，大家湊齊，單散與園中這些媽媽們。他們雖不料理這些，卻日夜也是在園中照看當差之人，關門閉户，起早睡晚，大雨大雪，姑娘們出入，抬轎子，撐船，拉冰牀，一應粗糙活計，都是他們的差使。一年在園裏辛苦到頭，這園內既有出息，也是分內該沾帶些的。還有一句至小的話，越發說破了：你們只管了自己寬裕，不分與他們些，他們雖不敢明怨，心裏卻都不服，只用假公濟私的多摘你們幾個果子，多掐幾枝花兒，你們有冤還沒處訴。他們也沾帶了些利息，你們有照顧不到，他們就替你照顧了。”

眾婆子聽了這個議論，又去了帳房受轄制，又不與鳳姐兒去算帳，一年不過多拿出若干貫錢來，各各歡喜異常，都齊説：“願意。強如出去被他揉搓着，還得拿出錢來呢。”

那不得管地的聽了每年終又無故得分錢，也都喜歡起來，口內説：“他們辛苦收拾，是該剩些錢粘補的。我們怎麼好‘穩坐吃三注’的？”

寶釵笑道：“媽媽們也別推辭了，這原是分內應當的。你們只要日夜辛苦些，別躲懶縱放人吃酒賭錢就是了。……”(第五十六回)

薛寶釵的意見是值得我們重視的，她認為大觀園分租所得的利益，不應該只是為了增加家族那麼三幾百兩銀子，為着多買幾畝地或幾間房子，而是應該把這些收益作為在大觀園工作的奴婢的福利。這樣做不僅顯示一個大家族的風範，大方得體，而且激勵辛苦工作的奴僕的士氣，使整個家族上下充滿人情味。這點人情味比甚麼都重要，恐怕不是每家現代企業也能做到。薛寶釵在當時能提出這樣的意見是很有見地的，這也是曹雪芹的見地。

薛寶釵繼而對眾人説：

"我如今替你們想出這個額外的進益來，也為大家齊心把這園裏周全的謹謹慎慎，使那些有權執事的看見這般嚴肅謹慎，且不用他們操心，他們心裏豈不敬伏。也不枉替你們籌畫進益，既能奪他們之權，生你們之利，豈不能行無為之治，分他們之憂。你們去細想想這話。"

家人都歡聲鼎沸説："姑娘説的很是。從此姑娘奶奶只管放心，姑娘奶奶這樣疼顧我們，我們再要不體上情，天地也不容了。"(第五十六回)

薛寶釵深知提高職工福利對提高工作效率的意義，作為管理者能為職工着想，職工必然盡心盡力。曹雪芹以"歡聲鼎沸"來形容下人對這種經濟改革的認同和支持。這在今日看來是顯而易見的道理，但在當時以殘酷剝削以榨取利潤的傳統經濟體制來説，是十分具有進步意義的，合理的利益分配才能正確解放生產力。

同時，薛寶釵在決策的過程中一再提醒探春：一個人絕不可一做起營生來，就變得滿身銅臭，而應該保持儒者的風度。這確實是今日不少決策者和管理者都做不到的。薛寶釵對探春的改革方案曾加以引經據典證述道——

寶釵笑道："真真膏粱紈絝之談。雖是千

金小姐，原不知這事，但你們都念過書識字的，竟沒看見朱夫子有一篇《不自棄文》不成？"

探春笑道："雖看過，那不過是勉人自勵，虛比浮詞，那裏都真有的？"

寶釵道："朱子都有虛比浮詞？那句句都是有的。你才辦了兩天時事，就利慾薰心，把朱子都看虛浮了。你再出去見了那些利弊大事，越發把孔子也看虛了！"

探春笑道："你這樣一個通人，竟沒看見子書？當日《姬子》有云：'登利祿之場，處運籌之界者，竊堯舜之詞，背孔孟之道。'"（第五十六回）

探春改革的意義

企業的決策者和管理者在執行管理時，必須具有一定的理論基礎。理論是從實踐中產生的，但又來指導實踐。一個計劃有一定的理論依據，就能使計劃更為充實，可提升到更高的層次。探春、李紈和寶釵，在討論制訂計劃和實施計劃的過程中，就常常引經據典，使她們的理財理念和管理模式具有較深層次的知識基礎。例如，寶釵對李紈說——

李紈笑道："叫了人家來，不説正事，且你們對講學問。"

寶釵道："學問中便是正事。此刻於小事上用學

問一提，那小事越發作高一層了。不拿學問提着，便都流入市俗去了。”（第五十六回）

寶釵的這一段話明確指出：一個決策者和管理者應具有高度的知識修養。沒有豐富的知識，就不可能產生偉大的思想，就不可能制訂偉大的計劃，更不可能制訂出超越時代的計劃。

賈府是一個傳統大家族，雖然有嚴格的等級制度，但無論是主子，還是下人，都屬於這個家庭的成員。賈府有其薪酬制度和福利制度，賈府的主子不用說，就是奴婢也可享到一定的福利：一、除了食宿，還有醫藥、衣着，甚至化妝品，均由賈府按等級供給。二、奴婢的家裏發生甚麼變故，都有一定的津貼，例如，襲人的母親死了，賈府就津貼了四十兩銀子。趙姨娘的弟弟死了，也得到二十兩銀子的津貼。三、薛寶釵在此為奴婢增加了額外的津貼，利用大觀園承包所得到的收益，年底分紅，這對提高下人的積極性起着極大的作用，讓大觀園的保養工作做得更好、更有秩序。

賈探春施展才智對賈府的財政作了重大的改革，這與她一貫具有特立獨行的思想作風有着密切的關係。但是她的改革，最終不足以改變賈府經濟上的枯竭和政治上的頹敗。因此，生於貴族末世的探春，即使“才自清明志自高”，而又有小試其才的機會，也不可能使賈府逃避“君子之澤，五世而斬”的命運。她無法改變“恨不得你吃了我，我吃了你”的家庭內部以及貴族與貴族之間、貴族與皇族之間的激烈鬥爭，她制止不了賈府上上下下為保持安富尊榮無度揮霍的惡行；她不可能超越當時種種的條件把大觀園的改革在農村社會上加以推行，她自身也不可能獲得比“將此有餘，以補不足”的更遠大的視野。而且，探春即使不生於貴族之家的末世，在中國傳統社會極端歧視婦女的情況下，她也不可能走向社會同男子一樣去“立一番事業”，等待她的命運，仍然是“出嫁從夫”。因此，探春的悲劇，是在《紅樓夢》的時代裏，上層女子的才志難以全方位施展，改革難以得到長遠成功的雙重悲劇。這也說明社會大環境對個人及企業經濟改革的重要性。

有的學者指出：探春的改革之所以特別值得重視，看來並不在於她不可避免地受過“不憚為賈”的影響，而是在於她以傳統大家庭掌權人的身分，扶植了從封建農業經濟中生長出來的，帶有資本主義農業經濟萌芽狀態的體系。這種農業上的資本主義萌芽，同當時已經較為大量存在、表現為工場手工業生產方式的資本主義萌芽比較，實際上更為微弱。然而，能夠扶植更為微弱的幼芽，在客觀意義上，也就更為難能可貴。而且，它恰恰可以說明探春的改革不論其主觀意圖如何，其社會效果正好是順應了當時社會發展的潮流。符合歷史發展潮流的社會活動，總是比較容易得人心，而且能較快發展生產力的。

對探春所採取的改革，曹雪芹是非常贊成的，或許認為只有大膽改革，才有可能挽救大家族的崩毀。他描寫改革之後的情形：“家人都歡聲鼎沸。”在好幾處寫分包園子的僕婦發揮生產的積極性，非比尋常。分包不久，眾人“各司各業，皆在忙時。也有修竹的，也有剔樹的，也有栽花的，也有種豆的，池中又有駕娘們行着船夾泥種藕”（第五十八回），其中春燕姑媽更是“每日早起晚睡”、“一根草也不許人動”。鶯兒偶然折了她一些花柳，便“心疼肝斷”（第五十九回）；還有，眾奶奶“一個個的不像抓破了臉的，人打樹底下一過，兩眼就像那鴍雞似的”（第六十一回），不許動她的果子。作者藉賈寶玉的口說出探春是“最是心裏有計算的人”（第六十二回）。

曹雪芹對於傳統大家族所存在的弊端是很清楚的。探春這些人的改革意願，也正是他的意願。一個歷經百年的大家族，如果不長期繼續進行改革，必然由興而衰，走向沒落。曹雪芹在《紅樓夢》所要告訴我們的正是這一點。

第5章

《紅樓夢》對現代家族企業管治的啟示

所謂“觀今宜鑒古，無古不成今”、所謂“前車可鑒”，這是千古明訓。我們從《紅樓夢》可以看到賈府這個大家族的興旺，也看到這個家族的沒落。正如胡適所說：“因為《紅樓夢》是曹雪芹將‘真事隱去’的自敍，故他不怕瑣碎，再三再四的描寫他家由富貴變成貧窮的情形。他家所以後來衰敗，他的兒子所以虧空破產，大概都是由於他一家都愛揮霍，擺闊架子；講究吃喝，講究場面；收藏精本的書，刻行精本的書；交結文人名士，交結貴族大官，招待皇帝，至於四次五次；他們不會理財，又不肯節省；講究揮霍慣了，收縮不回來，以致虧空，以至於破產抄家。”

傳統大家族的弊端

我們從《紅樓夢》認識到王熙鳳和賈探春如何管治一個大家族。她們的管治理念與現代家族企業的管治模式有很多不謀而合之處。但單憑她們兩人之精明能幹，並不能扭轉這大家族走向沒落。究其原因，基於傳統舊家族的陋習與弊端，那些財務監控與管治措施，並不足以防止或扭轉大家族走向衰敗之路。賈府之衰亡，應給予現代家族企業不少啟示，可以從中汲取教訓。

這一章我們主要分析《紅樓夢》裏大家族在理財和管治上的一些弊端，走向沒落的種種原因，並以香港及台灣著名的家族企業為例，總結現代成功家族企業的管治模式。其中不少家族企業的管治理念，都是源於傳統舊家族的管治模式，但他們成功之處，在於能夠借鑒傳統家族企業的經驗，取其所長，補其所短，取其精華，而棄其糟粕。

一、坐享其成，揮金如土

一個家族企業的開創者開天闢地，總是經過一個相當艱苦的奮鬥過程。但很多繼承者，卻坐享其成，揮金如土。為了顯示家族的榮耀而花費巨大的財富，賈府大觀園的建築就是其中之一的例子。規模之大，費用之巨，實屬罕見。關於大觀園的興建有這樣的記載——

> 賈蓉先回説："我父親打發我來回叔叔：老爺們已經議定了，從東邊一帶，藉着東府裏花園起，轉至北邊，一共丈量準了，三里半大，可以蓋造省親院了。已經傳人畫圖樣去了，明日就得。"(第十六回)

大觀園的建築費和裝飾就費了好幾萬兩銀，接着關於銀兩的安排有這樣的描述——

> (賈璉) 因問："這一項銀子動哪一處的？"
>
> 賈薔道："剛才也議到這裏。賴爺爺説，不用從京裏帶下去，江南甄家還收着我們五萬銀子。明日寫一封書信會票我們帶去，先支三萬，下剩二萬存着，等置辦花燭彩燈並各色簾櫳帳幔的使費。"

賈璉點頭道："這個主意好。"(第十六回)

大觀園工程的龐大，耗費委實令人難以計算，連賈元春看了也一再吩咐家人："萬不可如此奢華靡費了。"

此外，婚嫁、葬禮、送禮等等都花費驚人。比如秦可卿葬禮的排場——

這四十九日，單請一百單八眾禪僧在大廳上拜大悲讖，超度前亡後化諸魂，以免亡者之罪；另設一壇於天香樓上，是九十九位全真道士，打四十九日解冤洗業醮。然後停靈於會芳園中，靈前另外五十眾高僧、五十眾高道，對壇按七作好事。……

且說賈珍恣意奢華。看板時，幾副杉木板皆不中用。可巧薛蟠來吊問，因見賈珍尋好板，便說道："我們木店裏有一副板，叫作甚麼檣木，出在潢海鐵網山上，作了棺材，萬年不壞。這還是當年先父帶來，原係義忠親王老千歲要的，因他壞了事，就不曾拿去。現在還封在店內，也沒有人出價敢買。你若要，就抬來使罷。"賈珍聽說，喜之不盡，即命人抬來。(第十三回)

別說秦可卿等人的葬禮盛大排場，就是普通的家宴也花費不菲。史湘雲在大觀園設螃蟹宴，這不過是普普通通的家庭聚餐，劉姥姥就為她們這一頓普通的盛宴算了算——

> 劉姥姥道："這樣螃蟹，今年就值五分一斤。十斤五錢，五五二兩五，三五一十五，再搭上酒菜，一共倒有二十多兩銀子。阿彌陀佛！這一頓的錢夠我們莊稼人過一年了。"(第三十九回)

賈政只懂做官，從來不過問家務，被抄家後，他不得不查問一下家族的經濟狀況，就發現原來已是一個空殼——

> 賈政叫現在府內當差的男人共二十一名進來，問起歷年居家用度，共有若干進來，該用若干出去。那管總的家人將近來支用簿子呈上。賈政看時，所入不敷所出，又加連年宮裏花費，帳上有在外浮借的也不少。再查東省地租，近年所交不及祖上一半，如今用度比祖上更加十倍。賈政不看則已，看了急得跺腳道："這了不得！我打量雖是璉兒管事，在家自有把持，豈知好幾年頭裏已就寅年用了卯年的，還是這樣裝好看，竟把世職俸祿當作不打緊的事情，為甚麼不敗呢！我如今要就省儉起來，已是遲了。"(第一〇六回)

對家族的收入及支出缺乏預算，長期無度的揮霍，使賈府到了後來，就難免出現財政拮据，捉襟見肘，以至崩毀。傳統大家族的興衰可以説是“生於憂患，而死於安樂”。這是家族企業最要牢記的。

二、紈袴子弟，不思進取

舊時代的家族，特別是像賈府這以世襲的官僚家族，大多只是希望能夠“升官發財”，“加冠進祿”。一旦失去高官厚祿，整個家族就會陷於困境。所以傳統家庭都期望了女能夠努力讀書以考取功名，才能維持家族的聲譽和財富。

在榮國府，賈赦只知享受，賈政只懂做官。曹雪芹便借榮、寧兩公的幽靈，説到子孫難成大器以繼家業的悲哀：

> (寧、榮二公之靈對警幻) 云：“吾家自國朝定鼎以來，功名奕世，富貴傳流，雖歷百年，奈運終數盡，不可挽回者。故遺之子孫雖多，竟無可以繼業。其中惟嫡孫寶玉一人，稟性乖張，生情怪譎，雖聰明靈慧，略可望成。無奈吾家運數合終，恐無人規引入正。”(第五回)

熟悉賈府的冷子興也認為其子孫“一代不如一代”(第二回)。就是薛府所做的貿易生意和當舖，也是由老管家所經營的。而子孫大都只知享受，不懂管理。例如對薛家唯一的兒子薛蟠有這樣的描述 ——

> 這薛公子學名薛蟠，表字文起，五歲上就性情奢侈，言語傲慢。雖也上過學，不過略識幾字，終日惟有鬥雞走馬，遊山玩水而已。雖是皇商，一應經濟世事，全然不知，不過賴祖父之舊情份，户部掛虛名，支領錢糧，其餘事體，自有伙計老家人等措辦。(第四回)

薛蟠自己所説："我長了這麼大，文又不文，武又不武，雖説做買賣，究竟戥子算盤從沒拿過，地土風俗遠近道路又不知道……"（第四十八回）賈珍、賈蓉、賈璉無不如此，至於賈寶玉就更不用説了。作為家族後代只知安享富貴，而不事生產，不求上進，豈能長久維持下去？這恐怕是傳統大家族最為困擾的問題。

三、家長管治，任人唯親

中國傳統大家族都是在"家長式"的管控下，整個家族的管治系統缺乏民主參與，後輩及婢僕下人，惟命是從，不求有功，但求無過，也就不可能充分發揮個人的創造性和積極性。由於這種管治系統是獨裁的，只是通過嚴厲的懲罰對待那些未能履行職責和不聽使喚的下人，成為一種經常使用的手段。在這樣的環境下工作，令人普遍產生恐懼。榮、寧兩府令人產生恐懼的主因，在於僕婢工作經常被責罵和懲罰，甚至剋扣"月錢"，甚至被逐出賈府，而他們很少有作出申辯、求饒的機會。

家長式的管治，任人唯親，所謂"肥水不流外人田"，通常安排子女族人分掌各個部門。然而，並不一定能產生最佳的管理效果。在《紅樓夢》中，鳳姐聘用遠房子孫賈芹管理家廟鐵檻寺，結果賈芹在寺裏"為王稱霸起來，夜夜招聚匪類賭錢，養老婆小子"（第五十三回），搞得一蹋糊塗。這樣的管治，對於企業來説，無疑是一個致命的問題。其實父子之間，兄弟姐妹之間，還是存在難以避免的矛盾的，而且其矛盾越來越尖鋭。特別是父子之間的代溝更不是一時所能改變的。就父親來説，江山是老子打下來的，他的經驗是最可寶貴的，他的權威是不容侵犯的，要改變其思維方式談何容易。而當兒子的，總是希望有所革新，更能發揮自己的才能。這種矛盾和衝突的存在，必然成為家族企業發展的一大問題。

家族企業用人唯親，直接貫串不同的管理階層，就難免損害制度的健全。管理一個大家族，通常會將最好的職位留給自己的家族成員，倘若沒甚麼合適的，就給他一個閑差事。在"家長式"的管控下，為照顧整個家族的利益，就很容易造成貪污和腐敗，也不容易公正獨立地評核高層管理人員的操守，對有效的管理造成一定的困難。這些弊病，對今日的家族企業管理還是有一定的啟示作用。

四、中飽私囊，管控失效

龐大的傳統家族雖然也有嚴酷的專制制度，但是不一定能使整個家族上下形成一個堅固的團隊以發展家族企業。而各房各戶，從主子到奴婢，各為了自己的利益而鑽空子，貪小便宜，謀求自己的利益。程日興一針見血地指出賈府的這種弊端，也是所有封建家族的弊端。說實在，要杜絕這些弊端又談何容易，只有讓它一天天腐敗下去——

> 程日興道："我在這裏好些年，也知道府上的人那一個不是肥己的。一年一年都往他家裏拿，那自然府上是一年不夠一年了。又添了大老爺珍大爺那邊兩處的費用，外頭又有些債務，前兒又破了好些財，要想衙門裏緝賊追贓是難事。老世翁若要安頓家事，除非傳那些管事的來，派一個心腹的人各處去清查清查，該去的去，該留的留，有了虧空，着在經手的身上賠補，這就有了數兒了。那一座大的園子人家是不敢買的。這裏頭的出息也不少，又不派人管了。那年老世翁不在家，這些人就弄神弄鬼兒的，鬧的一個人不敢到園裏。這都是家人的弊。此時把下人查一查，好的使着，不好的便攆了，這才是道理。"（第一一四回）

賈政對賈府的這種現象並不是不清楚，但終竟不是一個會理財的主子，對整個家族的資產和財政幾乎一無所知，要清要查，也無從下手，面對這樣爛攤子，竟然束手無策——

> 賈政點頭道："先生你所不知，不必說下人，便

是自己的侄兒也靠不住。若要我查起來，哪能一一親見親知。況我又在服中，不能照管這些了。我素來又兼不大理家，有的沒的，我還摸不着呢。”

程日興道：“老世翁最是仁德的人，若在別家的，這樣的家計，就窮起來，十年五載還不怕，便向這些管家的要也就夠了。我聽見世翁的家人還有做知縣的呢。”

賈政道：“一個人若要使起家人們的錢來，便了不得了，只好自己儉省些。但是冊子上的產業，若是實有還好，生怕有名無實了。”

程日興道：“老世翁所見極是，晚生為甚麼說要查查呢！”

賈政道：“先生必有所聞。”

程日興道：“我雖知道些那些管事的神通，晚生也不敢言語的。”

賈政聽了，便知話裏有因，便嘆道：“我自祖父以來都是仁厚的，從沒有刻薄過下人。我看如今這些人一日不似一日了。在我手裏行出主子樣兒來，又叫人笑話。”(第一一四回)

在賈府中飽私囊的情況比比皆是，就是廚房也會常常出現虧空的現象，暗地裏把賈府的東西往家裏搬，這些情況在現代企業亦十分普遍。縱使企業在財政管理上設置嚴謹的內部監控制度，內部控制也可能因執行人員濫用職權或受外部壓力而失效，或因有關人員相互勾結、內外串通而不能發揮應有的效果。

五、缺乏預算，無危機感

所謂"天有不測風雲，人有旦夕禍福"，這對傳統舊家族來說，亦是常見的危機。天災人禍自是難以逆料，無可避免。作為一個家族企業的決策人或管理人如果缺乏處理危機的能力，就會令整個家族企業陷入困境。賈府對此可以說毫無應變能力，稍有變故，就顯得手足無措。像賈府這樣的家族企業一點也經不起風浪的衝擊，十分脆弱。例如，一年天災造成農田失收，收不起地租，就失去預算，寧府就周轉困難，無法應付。榮府的問題就更嚴重——

> 賈珍道："我說呢，怎麼今兒才來。我才看那單子上，今年你這老貨又來打擂台來了。"
>
> 烏進孝忙進前了兩步，回道："回爺說，今年年成實在不好。從三月下雨起，接接連連直到八月，竟沒有一連晴過五日。九月裏一場碗大的雹子，方近一千三百里地，連人帶房並牲口糧食，打傷了上千上萬的，所以才這樣。小的並不敢說謊。"
>
> 賈珍皺眉道："我算定了你至少也有五千兩銀子來，這夠作甚麼的！如今你們一共只剩了八九個莊子，今年倒有兩處報了旱澇，你們又打擂台，真真是又教別過年了。"

烏進孝道："爺的這地方還算好呢！我兄弟離我那裏只一百多里，誰知竟大差了。他現管着那府裏八處莊地，比爺這邊多着幾倍，今年也只這些東西，不過多二三千兩銀子，也是有饑荒打呢。"

賈珍道："正是呢，我這邊都可，已沒有甚麼外項大事，不過是一年的費用。我受用些，就費些；我受些委屈就省些。再者年例送人請人，我把臉皮厚些，可省些也就完了。比不得那府裏，這幾年添了許多花錢的事，一定不可免是要花的，卻又不添些銀子產業。這一二年倒賠了許多，不和你們要，找誰去！"(第五十三回)

從賈珍的話，可見寧府和榮府的經濟結構都是比較脆弱的。然而，寧府和榮府的錢，在別人看來是用都用不完的，特別是虛有其表的榮府。賈珍就為榮府的財政緊絀而感到憂慮——

烏進孝笑道："那府裏如今雖添了事，有去有來，娘娘和萬歲爺豈不賞的！"

賈珍聽了，笑向賈蓉等道："你們聽，他這話可笑不可笑？"

賈蓉等忙笑道："你們山坳海沿子上的人，哪裏知道這道理。娘娘難道把皇上的庫給了我們不成！他心裏縱有這心，他也不能作主。豈有不賞之理，按時到節不過是些彩緞古董頑意兒。縱賞銀子，不過一百兩金子，才值了一千兩銀子，夠一年的甚麼？這二年哪一年不多賠出幾千銀子來！頭一年省親連蓋花園子，你算算那一注共花了多少，就知道了。再兩年再一回省親，只怕就精窮了。"

賈珍笑道："所以他們莊家老實人，外明不知裏暗的事，黃柏木作磬槌子——外頭體面裏頭苦。"(第五十三回)

這段話實在反映一個傳統舊家族，在財政的運用上缺乏預算，未能做到量入為出，而經常出亂子。面對這家族的財政危機，無論是可預見的，或是無法預見的，府內上下都顯得束手無策。為應付一時的經濟困境，唯一的方法就是變賣財產以應急——

賈蓉又笑向賈珍道："果真那府裏窮了。前兒我聽見二嬸娘和鴛鴦悄悄商議，要偷出老太太的東西去當銀子呢。"

賈珍笑道："那又是你鳳姑娘的鬼，哪裏就窮到如此。他必定是見去路太多了，實在賠的狠了，不知又要省那一項的錢，先設此法使人知道，說窮到如此了。我心裏卻有一個算盤，還不至如此田地。"說着，命人帶了烏進孝出去，好生待他，不在話下。(第五十三回)

從賈珍和賈蓉所說的話，可以看到榮府在財政上的實際狀況。在《紅樓夢》一再描述賈府的財政經常出現捉襟見肘的現象——

(賈璉) 向鴛鴦道："這兩日因老太太的千秋，所有的幾千兩銀子都使了。幾處房租地稅通在九月才得，這會子竟接不上。明兒又要送南安府裏的禮，又要預備娘娘的重陽節禮，還有幾家紅白大禮，至少還得三二千兩銀子用，一時難去支借。俗語說，'求人不如求己'。說不得，姐姐擔個不是，暫且把老太太查不着的金銀傢伙偷着運出一箱子來，暫押千數兩銀子支騰過去。不上半年的光景，銀子來了，我就贖了交還，斷不能叫姐姐落不是。"

鴛鴦聽了，笑道："你倒會變法兒，虧你怎麼想來。"

賈璉笑道："不是我扯謊，若論除了姐姐，也還有人手裏管的起千數兩銀子的，只是他們為人都不如你明白有膽量。我若和他們一說，反嚇住了他們。所以我'寧撞金鐘一下，不打破鼓三千'。"(第七十二回)

王熙鳳作為賈府的大管家，也有錢銀緊絀的時候，也不得不設法應急。她時時對人訴苦說——

> 鳳姐冷笑道：“我也是一場癡心白使了。我真個的還等錢作甚麼，不過為的是日用出的多，進的少，這屋裏有的沒的，我和你姑爺一月的月錢，再連上四個丫頭的月錢，通共一二十兩銀子，還不夠三五天的使用呢。若不是我千湊萬挪的，早不知道到甚麼破窯裏去了。如今倒落了一個放帳破落户的名兒。既這樣，我就收了回來。我比誰不會花錢？咱們以後就坐着花，到多早晚是多早晚。這不是樣兒：前兒老太太生日，太太急了兩個月，想不出法兒來，還是我提了一句，後樓上現有些沒要緊的大銅錫傢伙四五箱子，拿去弄了三百銀子，才把太太遮羞禮兒搪過去了。我是你們知道的，那一個金自鳴鐘賣了五百六十兩銀子。沒有半個月，大事小事倒有十來件，白填在裏頭。今兒外頭也短住了，不知是誰的主意，搜尋上老太太了。明兒再過一年，各人搜尋到頭面衣服，可就好了！”
>
> 旺兒媳婦笑道：“哪一位太太奶奶的頭面衣服折變了不夠過一輩子的，只是不肯罷了。”(第七十二回)

鳳姐所説的確是實情。在這樣的龐大的家族，上下數百人口，開支之龐大，其經濟的壓力可想而知，要改變這種情況，就必須開源，更須節流，裁員也是一種必要的手段，以節省開支，所以林之孝曾向賈璉作出這樣的建議——

> 賈璉道：“橫豎不和他謀事，也不相干。你去再

打聽真了，是為甚麼。”

林之孝答應了，卻不動身，坐在下面椅子上，且說些閑話。因又說起家道艱難，便趁勢又說：“人口太重了。不如揀個空日回明老太太老爺，把這些出過力的老家人用不着的，開恩放幾家出去。一則他們各有營運，二則家裏一年也省些口糧月錢。再者裏頭的姑娘也太多。俗語說，‘一時比不得一時’，如今說不得先時的例了，少不得大家委屈些，該使八個的使六個，該使四個的便使兩個。若各房算起來，一年也可以省得許多月米月錢。況且裏頭的女孩子們一半都太大了，也該配人的配人。成了房，豈不又孳生出人來。”

賈璉道：“我也這樣想着，……”（第七十二回）

六、積習難改，終致衰亡

作為賈府的總管家，鳳姐對府裏的經濟狀況是瞭如指掌的，揮霍無法抑止，省儉又不能省儉，而收入又未能增加，對賈府的前途是深感憂慮的。鳳姐就曾對平兒說：

你知道，我這幾年生了多少省儉的法子，一家子大約也沒個不背地裏恨我的。我如今也是騎上老虎了。雖然看破些，無奈一時也難寬放；二則家裏出去的多，進來的少。幾百大小事仍是照着老祖宗手裏的規矩，卻一年進的產業又不及先時。多省儉了，外人又笑話，老太太、太太也受委屈，家下人也抱怨刻薄。若不趁早兒料理省儉之計，再幾年就都賠盡了。（第五十五回）

由此可見，在傳統舊家庭推行新的管控制度是談何容易。當賈府發生變故，被官府抄家，賈母只得廣散私房錢來解決危難。

卻說賈母叫邢王二夫人同了鴛鴦等，開箱倒籠，將做媳婦到如今積攢的東西都拿出來，又叫賈赦、賈政、賈珍等，一一的分派說："這裏現有的銀子，交賈赦三千兩，你拿二千兩去做你的盤費使用，留一千給大太太另用。這三千給珍兒，你只許拿一千去，留下二千交你媳婦過日子。仍舊各自度日，房子是在一處，飯食各自吃罷。四丫頭將來的親事還是我的事。只可憐鳳丫頭操心了一輩子，如今弄得精光，也給他三千兩，叫他自己收着，不許叫璉兒用。如今他還病得神昏氣喪，叫平兒來拿去。這是你祖父留下來的衣服，還有我少年穿的衣服首飾，如今我用不着。男的呢，叫大老爺、珍兒、璉兒、蓉兒拿去分了，女的呢，叫大太太、珍兒媳婦、鳳丫頭拿了分去。這五百兩銀子交給璉兒，明年將林丫頭的棺材送回南京去。”分派定了，又叫賈政道：“你說現在還該着人的使用，這是少不得的。你叫拿這金子變賣償還。這是他們鬧掉了我的，你也是我的兒子，我並不偏向。寶玉已經成了家，我剩下這些金銀等物，大約還值幾千兩銀子，這是都給寶玉的了。珠兒媳婦向來孝順我，蘭兒也好，我也分給他們些。這便是我的事情完了。”

賈政見母親如此明斷分晰，俱跪下哭着說：“老太太這麼大年紀，兒孫們沒點孝順，承受老祖宗這樣恩典，叫兒孫們更無地自容了！”（第一〇七回）

賈母將自己的私房錢分配給賈府各人，有如現代企業面臨結業清盤將企業的資產變賣以償還債務後，再將餘款分配給所有股東。面對賈府瓦解的危機，賈母所能做的也就是這樣而已，至於賈府的前途她沒法想，只有看子孫的造化了。事實上，子孫爭氣，又何須這麼一點錢，子孫不爭氣，縱使有了這些錢，又能維持多久。賈母的做法也只是杯水車薪而已。這一點，賈母不是不清楚，而且知道得很清楚，所以接着說——

賈母道：“別瞎說，若不鬧出這個亂兒，我還收着呢。只是現在家人過多，只有二老爺是當差的，留幾個人就夠了。你就吩咐管事的，將人叫齊了，他分派妥當。各家有人便就罷了。譬如一抄盡了，怎麼樣呢？我們裏頭的，也要叫人分派，該配人的配人，賞去的賞去。如今雖說咱們這房子不入官，你到底把這園子交了才好。那些田地原交璉兒清理，該賣的賣，該留的留，斷不要支架子做空頭。我索性說了罷，江南甄家還有幾兩銀子，二太太那裏收着，該叫人就送去罷。倘或再有點事出來，可不是他們躲過了風暴又遇了雨了麼？”

賈政本是不知當家立計的人，一聽賈母的話，一一領命，心想：“老太太實在真真是理家的人，都是我們這些不長進的鬧壞了。”賈政見賈母勞乏，求着老太太歇歇養神。

賈母又道：“我所剩的東西也有限，等我死了做結果我的使用。餘的都給我伏侍的丫頭。”

賈政等聽到這裏，更加傷感。大家跪下：“請老太太寬懷，只願兒子們托老太太的福，過了些時都邀了恩眷。那時兢兢業業的治起家來，以贖前愆，奉養老太太到一百歲的時候。”（第一〇七回）

從賈母的叮囑，勸告家人“斷不要支架子做空頭”，可見她當初是最能切實理家的人。然而，在那個舊時代，一切講排場，子孫又不知珍惜，不知創業的艱難，要做到這一點談何容易。賈母心裏最是清楚，她對家人說：

“但願這樣才好，我死了也好見祖宗。你們別打諒我是享得富貴受不得貧窮的人哪，不過這幾年看看你們轟轟烈烈，我落得都不管，說說笑笑養身子罷了，哪知道家運一敗直到這樣！若說外頭好看裏頭空虛，是我早知道的了。只是'居移氣，養移體'，一時下不得台來。如今藉此正好收斂，守住這個門頭，不然叫人笑話你。你還不知，只打諒我知道窮了便着急的要死，我心裏是想着祖宗莫大的功勳，無一日不指望你們比祖宗還強，能夠守住也就罷了。誰知他們爺兒兩個做些甚麼勾當！"（第一〇七回）

對家族的瀕臨崩毀的危機感，賈府中人並不是完全沒有意識到，正如賈母所說："外頭好看裏頭空虛，我是早知道的了"，但又"一時下不得台來"。這正如孟子所說："生於憂患，死於安樂"，大禍臨頭，卻束手無策。一個傳統家族就是這樣耽於安樂，要振作也無法振作得起來，只有眼看着它的沉沒。可想而知，一個家族上下都不事生計，不知刻苦勤儉，更沒有甚麼經濟發展計劃，如何長遠維持下去，那是絕對不可能的，只有眼看着它沉淪下去。

華人家族企業管治的傳統理念與現代管理

一、家長式管治的傳統

在香港台灣一百多年的歷史發展中，華資家族企業隨着時代的發展而有所發展，也因應社會的變遷而有所改變，但家族企業很難超越家族管治的傳統意識和規範。從《紅樓夢》的記載，賈氏家族以父輩為主子，賈珍是寧府的主子，賈赦和賈政是榮府的主子，控制着整個家族的財產和收入。時至今日，港台家族企業很多還是一樣保持着家長式的傳統管治形式，作為一家之長或企業的創建者和所有者，及其合法承繼人，在整個家族中具有絕對的主宰地位，有不可挑戰的權威。這也是家族企業所無法改變的統治模式。當然作為家長各有各的領導作風，有的開明、有的保守、有的敦厚、有的嚴酷。今日良好的家族企業管治，特別是上市企業，結合了現代非家族企業管治特點，以糾正上述傳統家族管治的弊端。

家族企業的管治，或以兄弟，或以父子為核心，根據家族血緣的親疏組成決策階層和管理階層，這在華資家族企業中比比皆是。例如香港的永安集團，由郭樂、郭泉兄弟創辦，兄弟四人郭樂、郭泉、郭葵、郭順分管香港、上海、澳洲各地的永安聯號，而公司各部部長和主任則分別由郭氏的親友或合夥人出任，形成家族式的管治。次如，長江製衣為陳瑞球和他的胞弟陳蔭川所創辦，他們的十一位子女均在公司工作，分別管理設計、業務、生產和財務等部門，掌控整個公司的業務和運作。又如，亞洲金融集團由陳有慶所創辦，經營銀行、保險等業。他的大兒子陳智文掌管銀行生意，小兒子陳智思則主理保險業務，並兼任集團總裁，父子共理家業。再如，台灣國泰蔡家的霖園集團，創業家長蔡萬霖在生時親自統領家族企業。他辭世後，由其四名兒子共管家業。家族投資公司由大哥蔡政達主理；家族事業體系由二哥蔡宏圖領導，三哥蔡鎮宇擔任副手

(金融海嘯後，國泰金控受到重創，二哥釋出權力，三哥不再退居二線，毫不遲疑地接下帶領國泰金控邁向未來的使命)；四弟蔡鎮球被安排在家族企業國泰產險內鍛鍊。四兄弟分工合作，統領企業的發展。

應該說，華資家族企業這種管治理念和管理模式的優越表現，在家族創業的初期最為突出，憑着創業家長的遠見卓識和非凡的判斷力，同心協力，開天闢地，在短短數十年間從一家小小的企業，披荊斬棘，尋求發展而成為龐大的商業帝國，這在華人家族企業中不勝枚舉。郭樂、郭泉兄弟創辦的永安集團，就在短短三十年間，從位於皇后大道中一間小小百貨公司發展成為一個橫跨零售、金融、地產、貿易的多元化大型企業集團。60年代，郭泉更大舉投資地產，購進了九龍油尖區、何文田、中區等地區的大量物業。1966年郭泉謝世時，永安正處於顛峯時期。

現代的家族企業，儘管很多都成了上市公司，家族企業的家長式管治逐步被現代科學管理所取代，不過，家族企業以血緣關係以凝聚力量、以家長主導的現象，還是十分普遍。例如目前的永安公司，董事會的十位成員中(包括四位獨立非執行董事)，有五位便是郭氏的第三代，其中郭志樑為主席，其弟志桁、志標、志一及其堂兄志權則分任其他席位。又如遠東集團，董事會十一位成員中，以徐旭東為首，便包括弟弟女兒妹婿等五位家族成員。再如恒基兆業地產集團，目前包含六家在香港聯合交易所主板上市的公司，恒基兆業地產有限公司及恒基兆業發展有限公司為李兆基所創辦，順理成章，他便成為該兩公司的主席兼董事總經理，執掌領導職權。集團內其他的聯營公司及附屬公司，他或為董事，或任主席，如此，他既是整個集團全盤決策與指揮全局的首腦，又是下屬公司的領導者，集團董事會包括他的弟妹、兒子、女婿等一眾家族成員，通過一系列工作制度和行政命令，有效地掌控各公司的發展方向和進程。這種以家長主導，家族成員輔助的企業管治模式，是華人家族企業管治的典型，也是港台家族企業所常見的。

儒家思想是中國的處世哲學，也是中國家族企業管理的經營哲學。香港大學前商學院教授高偉定（Gordon Redding）在《華人資本主義的精神》（*The Spirit of Chinese Capitalism*）一書中，曾訪問了香港、台灣、新加坡、印尼四地七十二位華僑創業家，他發現：華人企業家有兩個基本意識，一是在企業管理上推崇傳統的儒家精神，強調家長式的管治，長幼有序、尊卑有別、約之以禮；二是家族企業，以血緣關係以凝聚力量，只有家族內部成員才有決策權和管理權，要求家族上下團結一致、和諧相處、敬業樂業。在家長式強勢而有力的統率下，企業上下具有極強的向心力，掌管企業各要職的家族成員對企業產生一種強烈的認同感和忠誠感，工作異常投入。為了推動企業發展壯大，家族成員彼此齊心協力，統一意志，甚至為家族的利益不惜犧牲個人利益，使整個家族企業因而能煥發強大活力。即使企業經營方針有所改變，他們都能全力支持，這使企業對市場的適應具有極大的靈活性。這是非家族企業所不及的。從港台家族企業如長江實業集團、恒基兆業集團、台塑集團、霖園集團等的成功經驗，可見這種以家長主導，以血緣關係凝聚力量的企業的管治模式，時至今日還是行之有效的。

二、從家長管治到團隊管治

現時港台的家族企業，很多都成了上市公司。通過上市可以規範公司管治結構，並藉此吸引更多更優秀的人才。其中董事會組成的規範，使大量的專業人才進入公司的核心層，標誌着家族企業由家長管治改為團隊管治，是管理系統的極大改變。董事會的架構組織、權責分配，最能體現企業團隊管治的特色。

董事會是企業管治的中樞，各企業都會高度重視。在董事會，最重要的是人才。在港台的上市公司，需受上市公司條例監控規範。企業於董事會成員的委任，都會依從法規，除了家族成員，還會委任其他專才。董事會內的家族成員，主要由家長領導，出任主席，其餘成員各領不同職銜，在不同席位分工。企業家長如李嘉誠、李兆基已主理其業務逾五十年，又如李福和在東亞銀行長達六十八年，直至去年（2008）四月的股東周年大會才依章卸任。他們的豐富經驗，應是企業的寶貴資產；至於年青幼輩，基本具有相當的企業經驗、策劃經驗及業界知識，有較強的學歷背景，具備年輕有為的接班人形象。董事會內其他專才，或是企業內的員工，或是從外界延攬而來的專業人士。在企業內工作能晉升至董事階層的人員，一般都是任職二、三十年或以上的能臣老將，當然也有例外，如恒基兆業與和黃，都有入職三、五年便升任董事的有為之士。在外界能夠“空降”企業董事會的，都是一時俊彥，懷有獨特技能與經驗，為企業所需的專門人才。一家企業的董事，可同時兼任其他企業的董事，例如李兆基同時兼任新鴻基地產的副主席和東亞銀行的董事，馬世民同時兼任東方海外國際及長江實業集團的董事，辜成允同時兼任台灣水泥及和平電力、台灣通運倉儲公司、達和航運公司、中國合成橡膠等公司董事長。總而言之，企業的董事會內，人才濟濟，團隊內的成員，優勢互補，互相協作之下，對公司形象、聲勢、信譽的提高，都有積極的意義。

香港上市公司董事會的成員有執行董事、非執行董事與獨立非執行董事之分，三者之間應合理地平衡及互補，為保障企業與股東的利益提供制衡。上市規則規定獨立非執行董事人數至少三名，一般包括一名具有適當的專業資格的會計師或相關財務管理專業知識者。獨立非執行董事獨立於管理層，其進行獨立判斷應不受干預，以確保其獨立性。執行董事參與日常事務，負有實際權責，人數不一，有少至兩位，有多逾十位，前者如東亞銀行，後者如恒基兆業。非執行董事負責監察。三類董事，各有不同職能與責任。台灣上市公司董事會的組成和職責，與香港的稍有不同。其中董事無執行與非執行之分；獨立董事的設立，並非絕對必要；至於監察職責，則由監察人肩負，獨立於董事會之外。監察人可依法獨立行使職權，並可列席董事會。港台家族企業董事會的董事長或主席一職，通常由企業的創業者或繼承者出任（他們有些會兼任董事總經理或行政總裁）。規模宏大的家族企業集團，創業者或繼承者除了擔任母公司的董事會主席，也會擔任子公司的董事。

董事會一般負責制訂企業的整體策略，領導及督導企業的事務，並全權負責企業的內部監控制度，以及評估與管理風險。董事會主席則負責領導與監管董事會的運作，確保董事會行事合符企業的利益，確保董事會建立、實行及維持良好企業管治常規與程式等。至於企業的日常管理及業務營運，一般由行政總裁或董事總經理負責，或由董事會授權各部門或各核心業務的高級管理層負責。董事會下會設置一些功能委員會。在台灣，通常設提名委員會、薪酬委員會，如無設置的，在年度報告中會陳述理由。

在香港，董事會一般設有三個委員會：提名委員會、薪酬委員會和審核委員會。也有加設其他委員會的，如執行委員會、政策委員會、危機管理委員會等。東亞銀行便在董事會下加設了十個特別委員會，專門負責不同範圍的特別事宜。提名、審核、薪酬三個委員會的職權範圍規定它們要向董事會彙報其決定或建議。董事會轄下的其他委員會，也會根據它們的職權範圍向董事會彙報重要事項。為遵守上市規則，審核與薪酬委員會的設立，是不可或決的。其中審核委員會，對企業的管治尤為重要。其主要責任包括審查及檢察企業的財務監控、內部監控及風險管理系統，亦會監察企業與外聘核數師的關係，審閱年度財務報表等，其成員多為獨立非執行董事，具有審閱財務報表及處理上市公司重大監控與財務事宜的技能和經驗，對企業實施良好管治，有不可估量的效益。董事會轄下不同的委員會，就是不同的小團隊，集思廣益，從不同層面向董事會提供意見，為企業管治作出貢獻。

團隊管治的效益，優於家長獨力支持，道理顯而易明。在《紅樓夢》裏，李紈、探春、寶釵集體管理大觀園，興利革弊，成績斐然，就是得益自團隊管治。上市家族企業的董事會內，成員各有專責，領導、決策、監察，權責分明；各成員自有本身的專長、優勢和社會資源，由於相互間的整合而產生的附加值，無可限量；由團隊而產生的凝聚力和影響力，更非同小可。21 世紀的商業社會，商情瞬息萬變，商機危機，界限不明。要迎接機遇，面對挑戰，無論由於法規所限或是基於實際需要，吸納各方精英進入董事會，改家長管治為團隊領導，加強管治優勢，是家族企業持續發展、不斷壯大的必由之路。

三、管治與監控

對於實施良好之企業管治，港台都有明文規定。香港各上市公司應遵循香港聯合交易所有限公司證券上市規則附錄十四內之《企業管治常規守則》（“守則”）；台灣上市公司須依台灣證券交易所公佈之《上市上櫃公司治理實務守則》（“守則”）；如果是銀行、金融控股公司則尚需遵守業內有關企業管治之規定。這就是說，家族企業走進社會，不但要對家族本身負責，也應向社會負責。這是現代家族企業的必然趨勢。

根據港台的證券交易“守則”，上市公司應有可信、有效的內部監控系統。該系統涵蓋所有重要監控，包括財務、營運及遵守法規的監控，以及風險管理的職能。內部監控系統是企業的重要組成部分，一般有完善的組織架構，以及全面的政策及準則，並由董事會負責維持其可信性及有效性。企業會採納一系列程式，以保障企業資產免受未經授權挪用或處置，保存妥善會計記錄，確保內部使用或向外公佈之財務資料均屬可靠，以及確保遵循適用的法例與規定。通常企業各主要部門的組織架構，亦權責清晰，監控層次分明。東方海外國際更於 2006 年設立常規舉報機制，讓員工可以隱名向審核委員會就有關會計、內部會計監控及核數事宜等提出舉報，以確保其集團遵照所有適用法例及規定、會計準則、會計監控及審核應用常規。此舉有助檢舉涉嫌不當行為及進一步深入查處，提升內部監控的有效性。良好監控制度的確立與執行，可以讓企業減少弊病叢生的機會，其重要性毋庸置疑。

在《紅樓夢》裏，王熙鳳接管寧府的管理事務，首先做的，就是建立嚴格的監控系統，例如支領財物必須出示對牌，及其對家族財政的嚴格監控，都是重視監控的體現。至於內部監控的效度，會定期由企業的內部稽核部門負責檢討。內部稽核為企業內部監控系統重要的一環，有其職能的獨立性，可以合理地取得有助其檢討企業風險管理、監控、管治等各方面事宜的資料而不受限制。內部稽核之工作以風險評估為本，針對與各項運作和活動有關的風險與監控進行獨立稽核，其主管向審核委員會負責。在台灣，除了內部控制暨內部稽核制度之建立與落實，上市公司尚應辦理自行評估作業，董事會及管理階層亦應每年檢討各單位自行查核結果及稽核單位之稽核報告，作成"內部控制聲明書"，按期陳報監管機關。

四、風險管理

風險管理是現代企業內部監控重要的一環。風險管理的成效與企業的盈虧關係重大，企業一般相當重視，會設立制度及程式以辨識、量度、處理及控制所面對之主要風險。此等風險由董事會轄下委員會，例如執行委員會、審核委員會等監察，或直接由董事會監察。有些企業於風險未至之時，已能憑敏鋭觸覺有所發現，例如唐翔千的美維控股有限公司，主要業務之一是製造及銷售印刷線路板，在 2007 年發現市場對消費產品及電腦方面的印刷線路板需求均有放緩跡象，便於當年的年報中將可能發生的風險預先向公眾宣告，分析可能導致需求放緩的原因，指出所受影響並提出應變方法：如果經濟受到不利影響，打擊印刷線路板的需求，屆時其集團的業績及現金流量或會受到不利影響，其集團將迅速根據全球經濟情況，及本身商業訂單情況調整其產能擴充計劃。

能洞見可能發生的風險而及早部署、謀定對策，是優質風險管理的典型。李嘉誠的和黃集團，業務多元化，投資遍及世界各地，預期遇到的風險一定不少，包括行業趨勢、利率變動、外幣波動、市場競爭，本身信貸評級改變，各國法規的影響等，對集團財政狀況或營運業績都可能發生負面影響。和黃集團將此等可能不利集團的風險因素，於年報中一一臚列清楚，方便投資者作出正確抉擇，是負責任的表現。坦白地提醒投資者可能出現的負面風險，是管理風險的良好做法。良好的風險管理，能使企業避凶趨吉，防患於未然，保持發展優勢，應是各企業的共識。

在上市公司守則的指引之下，一家企業有董事會直接肩負維持內部監控系統有效運作的責任，與此同時，又有企業的內部稽核部門和董事會轄下的審核委員會去貫徹這項責任，形成多層監控，環環緊扣，理應不會出現風險管理的問題。不過，世事往往出人意表，例如這次環球金融海嘯，本港藍籌公司中信泰富因槓桿式外匯買賣合約導致巨額虧損，需北京母公司中信集團極力支持，才免遭沒頂，足見理論與實踐，可能是兩回事。事件發生後，公司主席榮智健稱此次交易是下屬違規操作，他本人事前毫不知情，但最終也要離任。這次兩名董事局成員違規交易，涉及數以百億元計的款項，金額相當龐大。整件事件，引致各方抨擊，沸揚不止。

一家企業的管理是否完善，往往決定其企業的盈虧，決定其命運。企業可能由於管理的不當而出現運作風險。所謂運作風險乃指因詐騙行為、未經許可而造成的錯誤，內部監控不足導致失誤，管理系統的失誤或對外在因素估計不足而產生之經濟損失風險。作為必須對公眾股東負責的藍籌公司，努力做好管治與監控是份內之責，是應有之義。《紅樓夢》的鳳姐，她知道監控的重要性，也有嚴格的監控系統以監管奴婢，但卻沒有相應的機制以監控她自己。她專權、獨斷、不擇手段、貪得無厭，最後身敗名裂，導致賈府的敗亡。家族企業的管治者值得以此為鑒，因為家族企業常見的弊端之一，就是缺乏一個良好的監控企業內高層家族成員的機制。

五、用人唯才

無論是對於一個家族企業，還是對於社會事業，人才是最可貴的財富。有了人才，決策者和管理者就應該充分利用他們的智慧以補自己的不足，作出高明的決策。所以，傑出的領導者總是非常愛惜人才、發現人才、網羅人才、使用人才、培養人才。只有擁有人才，才是企業成功的保證。子曰：修身，齊家，治國，平天下。身修而後家齊，家齊而後國治，國治而天下平。修身第一，人的因素第一，以人為本，此之謂也。

鳳姐讚賞探春的辦事能力，並沒有因探春是庶出，在家族裏地位較低而看輕她。她知道事是由人所成的，只依靠有才能的人才能把事情做好。鳳姐雖然是一個大權在握的管家，卻知道自己的弱點在哪裏，知道別人的長處在哪裏。她知道誰是朽木不可雕，誰是可造之材，而善用之。她知道自己所做不到的事，就應該放手讓別人去做，並予以支持。決策者要知人善用，發揮其所長，更應該大膽授以權力，相信別人能做得好，這才是一個領導者應有的風度和胸懷。探春管理大觀園，任人唯才，使工人的積極性提高，使死氣沉沉的大觀園呈現生機。《紅樓夢》要告訴我們的，正是選任賢能、唯才是用的優越性。

現代企業的領導階層都深深認識到：員工是企業的寶貴資產。在知識經濟時代，人力資源緊張，精英難得，大多數企業都明白“以人為本”的管理理念的重要性。企業羅致人才，最基本的是提供具競爭力的薪酬，對於富有專業知識的精英，企業更不惜重金禮聘。長江實業集團盛產“打工皇帝”，旗下和黃董事總經理霍建寧屢獲“打工皇帝”冠軍，便是重金禮聘的典型。2007 年會計年度集團總薪酬最高的是霍建寧，收入將近 1.5 億港元；李嘉誠長子李澤鉅出任副主席，其總酬金為 9,670 萬港元，僅名列第二，明顯比霍氏的為少。霍氏在和記黃埔身肩重任，是決策、管理的總能手，集團的成功，即是他的成功。他的例子，帶出了企業用人唯才，無分家裏人與家外人的重要訊息，打破用人唯親的傳統陋習。廣納人才以為己用，是家族企業邁向成功的關鍵。

現代企業要留住人才，還會為旗下員工提供完善的培訓課程，訂立明確的晉升階梯，在企業內部提供公平競爭、公平發展的機會。東方海外國際深明此理，視人才發展為其文化基石，鼓勵終身學習，提供包括崗位輪替、派駐本地及海外工作、提供正規及非正規課程等，讓員工的潛能得以發揮，從而提升表現，超越自我。根據 2007 年度報告，其公司的執行董事，六人之中除了三位家族成員外，有兩位是在公司服務逾三十年的老臣；其高級管理人員，七人之中，有六位是在公司工作了二、三十年的，他們還同時兼任集團內附屬公司的董事。東方海外國際強調透過內部招募實踐其集團的職位升遷政策，這些升至高位者的共同特色，是在集團內先後擔任不同職位，然後成為集團的股肱之才。對於培訓人才、提拔人才、挽留人才，東方海外國際的經驗，實具參考價值。事實上，對人才的培訓，已成為現代企業的一個重要的組成部分。除了內部培訓和外間課程，不少企業都設有網上學習課程和自學教材，方便僱員按本身的進度和時間學習，令更多員工得享進修機會。僱員如果修讀與工作或職能相關的課程，一般都會獲得進修津貼或學習休假，以資鼓勵。

對人才培訓的重視，不能不說王永慶和唐翔千。王永慶早於 1963 年成立明志工專（於 2004 年升格為“明志科技大學”），安排學生輪流至台塑企業參與全職工讀實習一年，學習專業相關之技能及管理實務，這使台塑集團精英不絕，使合理化管理能夠持續推動。台塑經營可持續發展，與王永慶培訓人才的高瞻遠矚，應有密切關係。唐翔千在上海的美維科技集團共有 100 畝地，55 畝建培訓中心，剩下的 45 畝造廠房。理由就是“以人為本”。集團每年花費 700 多萬元培訓新進員工，投入資源相當龐大，對國內電子工業發展的貢獻也相當大。縱使遇到被“挖角”，看着培訓合格的員工一個個被競爭對手挖走，心痛之餘，唐翔千仍能大度地說：“算了，總歸是為社會培養人才。”氣魄之大，令人感動。

G2000 服裝公司老闆田北辰對“挖角”和培訓，就有這樣的體驗：“以往招聘員工，多數用 headhunter 挖角，以為這些‘麵包’，可以即買即食。但這些挖來的員工，大都未能融入公司文化，反不及自家培訓由低做起的好。現在我寧捨棄買‘麵包’而用‘麵粉’，親手自家製作，加以悉心培訓，這樣持續性更佳。我亦不擔心員工成長之後會離開，若他們要離開，我不會強留，還會保持聯絡，歡迎他們日後再回來。很多去而復返的員工，現在都是我公司最好、最忠心的工作團隊，他們熟悉公司文化，又在外擴闊了眼界，重返公司後比之前更落力、更有歸屬感。”果然是退一步海闊天空。

在港台上市的家族企業，不少已成了跨國集團，員工成千上萬，來自全球各地。企業招聘員工，一般會按照國際慣例，不分種族、膚色、性別、宗教、信仰等，給予平等機會和公平待遇。除了具競爭力的薪酬和福利，有些職位還會獲發放花紅，或按表現而獲得特別獎勵。至於福利，通常包括醫療保險、強積金或退休金，以及由各地的分支機構自行安排的各種活動。為確保以高道德水平和專業操守營運，企業多制訂行為守則，予員工遵循。對於員工守則的內容，很多企業都臚列詳盡，例如東方海外國際認為必須：確保符合所有地區、國家及國際法定標準，防止觸犯包括任何地區、國家或國際法規、有關洩露機密、資料發佈、知識產權、利益衝突、行賄、受賄、政治捐獻或其他被視作違規等行為。有關道德標準和價值觀，企業會通過多種途徑定期提醒員工遵守。在 21 世紀，商場競爭激烈，確保擁有高質素員工，是人力資源管理的重要課題，是企業不斷向前邁進的關鍵。

第6章

可持續發展與社會回饋

家族企業的盛衰成敗，往往決定於創業家長及其接班人的魄力和才幹，以及家族的凝聚力。生命的時鐘是不會停留的，創業家長總有一天是要交出所有的權力的。“子繼父業”的傳統觀念根深蒂固，從《紅樓夢》裏賈政望子成龍，對寶玉之嚴加管教可見一斑。無可否認，“子繼父業”永遠是家族企業必然出現的問題。這些創業家長總希望自己花了數十年心血所開創的事業能夠延續下去，希望子孫繼承其衣缽，並發揚光大，千秋萬代。如果繼承人缺乏魄力和才幹，就難免使整個家族企業由盛而衰，走向沒落。事實上，這也是古今中外的家族企業的難題和憂慮，所以對後代的培養成為家族至為重要的課題。

現代家族企業既保存着傳統家族企業的特徵，也隨着時代的發展，採取及發展西方的生產和管理模式，更重視對後代的培養，以繼承和光大家族企業，同時肩負起家族企業對社會的義務和責任。

家族企業的可持續發展

秦可卿指出大家族“月滿則虧，水滿則溢”，“登高必跌重”，“盛筵必散”的必然趨勢，特別期望鳳姐“於榮時籌劃下將來衰時的世業”。這些指示對於一個現代家族企業的決策者和管治者來說，是應該牢牢記取的。長遠策略不單是企業管治的一部分，也應是家族企業財產繼承安排的一部分。秦可卿的警世箴言，對傳統舊家族的命運是一聲暮鼓晨鐘，就是對於現代家族企業的領導者也是座右銘。現代家族基金的設立，也是出於這樣的考慮。西方家族企業也採取這種形式以保持其延續性。在香港，恒生銀行創始人之一的林炳炎，在他逝世前，創立林炳炎信託基金，這是華商家族企業信託基金的先河。信託基金的成立使他的家族產業得以完整地保存下來，並得到繼續發展的機會。自此以後，香港不少家族都成立了家族基金，這不但對家族本身的生命的延續是一種可靠的保障，同時也可通過基金為社會公益作出貢獻。

秦可卿為家族前途所提出的做法，也是各個家族的做法。縱使各房頭自立門戶（兄弟分家），也可以在一定程度上，保存着宗族的凝聚力，並保存其繼續發展的機會，否則整個家族必然趨於渙散，缺乏繼續發展的契機。

李嘉誠對家族企業的繼續發展就有很明智的做法，有長遠的計劃。李氏在 1996 年在美屬處女島創立李嘉誠父子信託基金，該信託基金擁有李嘉誠家族在香港等地的所有資產的控股權，李氏三父子平分信託基金的股權。這種做法實質上是為李嘉誠逐漸退出集團管理第一線作準備，也為李氏後代順利繼承家族資產鋪平道路，同時，保障了李氏家族資產的完整性。家族信託基金會必將隨着香港華商家族企業的開朗化而更為盛行。

曾經出任美國哈佛商學院福特基金訪問學者的李文遜（Harry Levinson），在《哈佛商業評論》中發表了一篇題為〈困擾家族生意的爭執〉的論文，他認為一家家族企業存在複雜的家族關係和責任，尤其在出現財產繼承權的問題時，成立信託基金是切實可行的辦法。秦可卿雖然有她的遠慮，可惜當時並沒有信託基金之設，但她的遠慮是信託基金出現的根本原因。這種家族資產的管理形式是隨資本主義經濟的發展而發展起來的。

家族企業接班人的培養

榮、寧二府的子孫，只懂得享受先祖的福蔭，既未能發憤自強，勤奮讀書，考取功名，封官厚祿，又不善經營投資，以穩固家族的企業。這種情況非獨賈府，舊時代的傳統家族大多如此下場。清代名臣曾國藩對此深有所感，所以他在《曾國藩家書》中，諄諄告戒子弟，首先要做一個有用的人，千萬不可做一個紈袴子弟。他說：

> 大凡做官的人……廉俸若日多，則周濟親戚族黨者日廣，斷不蓄積銀錢為兒子衣食之需。蓋兒子若賢，則不靠宦囊，亦能自覓衣飯，兒子若不肖，則多積一錢，渠將多造一孽，後來淫佚作惡，必且大玷家聲。故立定此志，決不肯以做官發財，決不肯留銀錢與後人。若祿入較豐，除堂上甘旨之外，盡以周濟親戚族黨之窮者。此，我之素志也。至於兄弟之際，吾亦惟愛之以德，不欲愛之以姑息。教

> 之以勤儉，勸之以習勞守樸，愛兄弟以德也；豐衣美食，俯仰如意，愛兄弟以姑息也。姑息之愛，使兄弟惰肢體，長驕氣，將來喪德虧行。是即我率兄弟以不孝也，吾不敢也。

我們從賈府的興盛到衰亡的過程，可體會到曾國藩對家族的告戒的深切意義。

港台家族對接班人的培養，基本模式是把子女放洋海外深造，以求子女學有所成，了解世界經濟及社會變化的趨勢，以能成功地繼承家業。諸如台灣水泥的辜成允、台塑的王文淵兄妹、東方海外國際的董建華、東亞銀行的李國寶、新鴻基地產的郭炳湘兄弟等，都是放洋歸來的，這是使家族企業得以繼續發展的關鍵因素之一。不過值得一提的是，近十年來，香港以至大中華的高等教育有迅速的發展，很多大學都有世界一級水平的研究人才，因此現時家族企業的子女並不一定要放洋留學。

被稱為香港第一富豪的李嘉誠，赤手空拳，憑着自己的勤奮拚搏，精明能幹，建立龐大的家族企業，截至 2008 年 8 月，長江實業集團旗下在香港上市之公司的聯合市值達 8,120 億港元之鉅。他令兒子李澤鉅、李澤楷，負笈美國，放眼世界。和李嘉誠一樣，李兆基也是世界華人十大富豪之一。由經營地產至投資股票，皆獲厚利，更成為香港著名“股王”。他在 80 年代就把他的兩個兒子李家傑、李家誠分別送往英國和加拿大留學。理文集團主席李運強，本身是個孤兒，憑着個人努力，打造出年產 140 萬打的手袋王國，不僅稱雄於香港同行，在國際上亦佔一席位。他自言“一生人用六成時間栽培子女”，讓其子李文俊自少便到加拿大讀書。亞洲金融集團陳有慶之子女也是放洋海外，小兒子陳智思畢業於美國著名的博雅大學。遠東徐家由紡織業發跡，1949 年徐有庠近不惑之年，決定將紡織工業從上海遷往台灣營運。他常以“工業人”自居，經營事業一向配合政府政策，歷經半個多世紀的發展，使遠東集團共有近二百家海內外公司，成為共有九家上市公司的跨國企業集團。徐有庠共育有五男四女，全部送往外國讀書。

這些富豪的下一代學有所成之後，或先在外工作汲取經驗再回家族企業效力，或畢業後立即回家族企業實習。他們在家族企業所得的培訓，多有一個固定的模式：就是先出任較次要的職位，然後逐步晉升高位，並在集團的附屬公司擔任要職。現代家族企業的業務多元化，這些未來接班人，可從不同行業獲得鍛鍊，擴闊視野，通過父輩關係建立自己的人際網路，在家長的悉心栽培下，不斷成長。長江實業集團的李澤鉅現負主要經營之責，能獨當一面。恒基兆業的李氏兄弟，已先後升至副主席之位，成為其父親的左右手。李澤楷 1990 年從加拿大返港，初出任和黃要職，後有意自立門戶，其父不但沒有阻撓，反從多方面默默支持他，其後李澤楷成為電訊盈科主席。

理文集團的李文俊在 1993 年畢業返港，由於對手袋業興趣不大，沒有接管父親的手袋王國。李運強聽兒子說喜歡造紙，二話不說，一擲 8 億元支持他創造紙業王國。2003 年，理文造紙有限公司在香港上市，李文俊年僅三十二歲便晉身上市公司的行政總裁。他讓父親的業務有所創新，使家業壯大，其對家族的貢獻，比只懂守業更大。台灣遠東集團的長子徐旭東學成回台後，進入家族集團歷練。1979 年擔任遠紡總經理，並先後掌管遠東百貨、遠東紡織、亞洲水泥等企業。他輔助父親開疆闢土，不止於繼承父業，還成功把遠東集團自傳統產業轉型為以電信及服務產業為主體的跨國企業集團，使家族企業在他手中更加壯大。目前，遠東集團以徐旭東為大家長，由他帶領着他的弟妹親信全力往前衝。所謂知識就是力量，毋庸置疑，現代教育為培養各方面的人才提供良好的條件；現代教育的發展為我們提供多方面的專業知識，促進社會的向前發展，也促進家族企業的向前發展。

常言道："富不過三代"，這是經驗之談，畢竟創下一份家業不易。對於李錦記，能存在歷四代就更不容易。李錦記的第三代傳人李文達親身經歷了兩次分家之痛，每次分家都對家族企業的繼續發展造成極為嚴重的障礙。為此，他特別重視家族的凝聚力，並以此作為培養接班人的起點。李錦記設有一個"家族委員會"，作為交流家族問題的平台。委員會每三個月開一次例會，主要討論"家族憲法"、家族價值觀以及家族成員的培訓。目前家族企業由第四代成員集體領導，同時，開始在第五代中營造氣氛，建立接班制度，確保企業與家族都能夠延續與健康地發展。關於第五代的接班問題，在"家族憲法"中已經作了明確規定：歡迎他們進入家族企業工作；第五代家族成員要先在家族外的公司工作三至五年，才能進入家族企業；入職後，如果表現不佳，會跟其他員工一樣被開除；應聘的程式和入職後的考核必須和非家族成員相同。這個接班制度，公開、公平、公正。這是現代企業家極為明智的做法，極為難得的做法。

李錦記認為信任來自於了解，了解需要平台和活動。其第五代由幾歲到二十餘歲，一共十多人，散居世界各地。家族委員會負責全力營造高信氛圍，構建交流平台，定期舉行家族旅遊，例如在北京清華大學舉辦的“李錦記第五代清華暑期學習班”，就是為從小居於海外接受西方教育的第五代提供的培訓活動之一。李錦記希望透過各方各面多種多樣的活動和氛圍，讓第五代了解家族使命，了解家族生意，了解家族成員的思想和方法，這樣，無形中產生着凝聚力，對第五代起到潛移默化的作用。這是李錦記對培養接班人的長遠打算，家族企業的接棒安排，無不為此費盡心機，這正是《紅樓夢》所要告訴我們的，榮、寧兩府的主子一直所面對的所擔憂的問題。面對新時代，面對新挑戰，華資家族管治必然要有新的思維，在接班人的安排、培訓必然要有新的部署。

回饋社會

“行善積德”、“發財立品”是中國傳統思想，這在《紅樓夢》的描寫中也有所體現，例如賈府中有個家塾，“合族中有不能延師的，便可入塾讀書，子弟們中亦有親戚在內可以附讀。”（第七回），至於這義學所需之費，由族中為官者，“供給銀兩，按俸之多寡幫助。”（第九回）。又如劉姥姥初到榮國府攀親，尋求救濟，便得了鳳姐二十兩銀子外加一吊錢的援助（第六回）。劉姥姥第二次進榮國府，因投了賈母與鳳姐的緣，由賈母、王夫人、鳳姐、寶玉以至平兒、鴛鴦都送她禮物，結果滿載而歸，得到一百多兩銀子、青紗、綢子、點心，多種名貴藥品，和許多吃穿日用之物，並獲派專車連人帶物一起送回家去（第四十二回）。從賈母和鳳姐等對劉姥姥這位貧苦農家老婦的憐恤，可以看到當時憐貧敬老的品格。在現代社會，所謂“發財立品”已是現代家族企業的一種應有的義務和責任，而不是施捨和為了名譽之所為，所以“回饋社會”是現代家族企業應有之義。

華人家族企業既富有傳統思想意識，也明白到他們面對現代社會所應擔負的義務和責任。現代企業回饋社會的途徑和方式是多元化的，而且無分疆界，遍及其業務所在地，透過不同方式，從不同的層面贊助或參與不同的公益事務，為建立更美好的社會而努力。

一、教育

教育是百年大業，優質教育對促進經濟發展，提升社會質素尤為重要。注重教育是中國人的傳統。華人家族企業長期以來就熱心教育事業，興學育才，不遺餘力。台灣家族企業為回應時代需要，開創教育事業的，為數不少。例如上世紀 50 年代，台灣各項產業萌芽待興，惟工業人才卻有不足。為配合經濟發展，台塑王永慶創辦了明志工專，既為工業培養中間幹部，又為當時家境普遍清寒的學子，提供半工半讀的升學機會，以完成專業教育，蔚為時用。又如 80 年代，當時台灣經濟與科技發展又進入一個新的階段，產業界對於高級技術人才需求殷切，遠東徐有庠於焉籌設元智工學院（現為元智大學），適時為社會培育人才。實業家第一時間掌握時代脈搏，默默耕耘，長期為台灣培育了不少優秀的工業人才。台灣工業的騰飛，與他們的貢獻，是分不開的。

香港首富李嘉誠於 1980 年成立"李嘉誠基金會"，先後捐出逾百億港元，支持教育、醫療、文化等公益事業，其中用於教育的就幾達一半。歷年在教育方面的主要項目遍佈香港、國內、美國、新加坡等。其於 1981 年在中國汕頭創辦的汕頭大學，共有九個學院，包括醫學院連同五間附屬醫院，所錄取的學生來自中國各地，對推動中國教育制度的改革，大有貢獻。李兆基也不忘支持教育，早於 1978 年，便率先捐出 180 萬擴建順德華僑中學（後稱順德市李兆基中學），為家鄉的建設做出貢獻。又於 1982 年和鄭裕彤、霍英東及王寬誠等成立"香港培華教育基金會"，擔任信託理事會主席。該基金會主要贊助中國內地各項教育和培訓，二十多年來，為內地現代化建設，特別是邊遠貧困地區培訓了大批高級管理人才，例如基金會每年都贊助中國少數民族領袖到香港嶺南大學及其他機構接受培訓及參觀。在香港，李兆基贊助興建香港順德聯誼會李兆基中學、香港兆基創意書院，並創立“英國牛津大學李兆基學位獎學基金”，造福香港的下一代。新鴻基地產的郭氏兄弟也大力支持教育事業，除了透過“郭得勝基金”捐出巨款助建校舍，獎助學生之外，並自 1997 年起每年撥款支持北京清華大學設立“新鴻基地產優秀青年教授獎”，獎勵內地出色學者。這對推動年青學者精益求精，更上層樓大有益處，對教育質素的提升也大有益處。又自 2004 年起，新鴻基地產每年贊助中文大學邀請諾貝爾獎得主到訪香港，進行一系列的專題講座。五年以來，合共有二十二位諾貝爾獎得主和知名學者應邀來港主持公開講座。對掀起公眾追求知識的熱誠，推動知識的開發和傳播，都有積極的意義。

新鴻基地產並常年推行“新地開心閱讀”計劃，出版《讀書好》雜誌，鼓勵全港市民培養閱讀風氣。無獨有偶，台灣蔡家也熱衷推動閱讀。為向社會提供一個良好的學習與閱讀的環境，自 1983 年起透過其集團的“國泰建設文教基金會”，陸續於全省設立十三所“霖園圖書館”。每個分館藏書都超過二千多冊，是培養愛書人的好地方。讀書可以使人增長智慧，變化氣質。藉着閱讀，開創豐盛未來，其潛在效益，不可輕視。如果全港台喜愛閱讀，蔚然成風，對香港、台灣人質素的提升，對港台競爭力的保持及提升，當有莫大的裨益。推廣閱讀看似尋常小事，而所需經費較小，但新鴻基地產和霖園集團不以善小而不為，可見其對知識文化推廣的重視。從其對推廣閱讀的堅持，足見其對培育人才的遠見卓識。

二、環保

隨着文明進步，人們意識到人類對自然環境造成的破壞，環保意識日益高漲。從各層面支持環保，推動環保，是家族企業回饋社會的另一途徑。香港的家族企業，很多經營地產。一般地產公司都附設有物業管理公司，方便管理旗下的物業，也為別家公司管理物業。透過旗下成員公司在轄下屋苑推行環保，是常見的管理方針。例如長期推行舊衣物回收計劃，家居廢物分類收集，執行節約能源措施，藉此節省水電等資源，都是地產界於管理屋宇的環保措施，也是最基本的措施。管理公司推行環保，使環保行為成為市民日常生活的一部分，使市民的環保意識更為提升。香港屋苑密集，住戶眾多，環保成效，不可小覷。新鴻基地產於推動環保，尤見用心。其轄下的加州花園和加州豪園，設置有佔地 8 萬平方呎的污水處理廠，這私人污水處理系統，每月平均處理污水 18 萬立方米。水質淨化後再排放出后海灣，可以減少對海水的污染。同時，屋苑又用淨化後的水沖洗街道及灌溉植物，節省用水，一舉多得。

長江實業集團的香港電燈集團有限公司在南丫島興建風力發電站，減低空氣污染。由開始投產發電至 2007 年 2 月底，一年之間，風站產生超過 80 萬度電力。另外，港燈發電廠的大部分固體廢物均被用作建築材料，將廢料循環再用，減低對環境造成的影響，對保護香港環境，有所貢獻。東方海外國際的船舶採取多種策略，以減少溫室氣體，特別二氧化碳的排放；又開設環保課程，以加強員工的環保意識。和記黃埔位於加拿大的赫斯基能源公司（Husky Energy），贊助當地多項保護生態的計劃，讓野生生物能繼續世代繁衍。又捐出鉅款，與當地機構合作協助本土植物品種回歸生態系統。這都是尊重自然環境，愛惜自然環境的表現。人類惟有保護環境，停止透支地球資源，我們的子孫才有可安居之所。

三、醫療體育科學與城鄉建設

說到熱心公益的華人家族企業，就不能不說陳啟川先生、霍英東先生和香港邵氏電影公司主席邵逸夫先生。陳啟川為台灣高雄陳家第二代傳人，在 1954 年間偶然獲悉杜聰明博士設立醫學院之理想時，即席慷慨捐出現今位在十全路上十一甲七分的土地 —— 他當時所擁有的最大又最方整的一塊土地，創辦了高雄醫學院（現為高雄醫學大學），致力醫療、醫療教學與研究。在陳氏熱心支持下，高雄醫學院的院舍不斷增加，設備與時並進，被評鑒為“第一級教學醫院”、全省重要“醫學中心”之一，又於 1998 年與高雄市政府簽訂合約，承辦市立“小港醫院”，貢獻與日俱增；其中尤有意義的，是於同年起陸續與高雄市近百家公私立醫療院所進行策略聯盟，提供醫事人力、醫療服務、教學與研究的支援與互助。這種無私大愛、發展醫療公益事業的精神，確能為民眾之健康謀求最大的福祉。

霍英東有非凡的奮鬥歷史，他賺錢之餘，不忘回饋社會，特別是對香港和國內體育事業贊助，更是不遺餘力。他並於

1984年捐資1億港元成立體育基金，二十多年來，已獎勵不少在奧運會奪得獎牌的中國運動員。霍英東生前在國內更有大型的投資，特別是在家鄉番禺所建造的南沙港，規模巨大，投入大量資金和心血，使南沙由一個邊陲小鎮逐步發展成為現代化海濱新城。他的慷慨是舉世公認的。邵逸夫在50年代初來港，創立邵氏（兄弟）電影有限公司，成為東南亞的電影王國。今年已逾百歲，仍熱心公益，慷慨捐輸。於2002年還創立了獎勵科學成就的"邵逸夫獎"，被稱為東方的諾貝爾獎。去年（2008）5月四川大地震，他便率先捐出1億港元。把為社會作出奉獻當作應有的本分，這是現代企業家應有的精神。

衡量一個家族企業的成就不只是看他賺了多少錢，更重要的是要看他為社會作出甚麼貢獻，作了多少貢獻。"發財立品"這是家族企業在過去、在現在、在未來，都是應該牢牢記取的。

在《紅樓夢》，賈氏家族在不同程度上也很着重教育及幫助弱勢社羣。例如為培養後代而設立義學；為保障族人生活，盡量為其安排工作（第二十三、二十四回）；為照顧族中閑賦無進益的清貧子侄，經常籌集物資分給他們（第五十三回）。這與現今家族企業熱心公益、回饋社會，在意義上是一脈相承的。

附錄

《紅樓夢》所反映的中國傳統倫理觀

家族企業管治制度與社會文化背景，有着極為密切的關係。要研究《紅樓夢》的家族管治，首先要了解當時中國文化和社會背景。霍夫斯泰德（Geert Hofstede）提出這樣概念，即所謂“文化力度”，也就是文化影響力所能產生的效應。按照霍夫斯泰德的說法，“文化力度”的強弱，完全視乎整個社會結構、各階層的組織架構及其成員所能接受的能力和程度。其所能接受程度越大，就表示文化對社會的影響力越大。以這種理論來衡量，我們不難推斷出滿清時期“文化力度”對社會的巨大影響。

社會文化對家族管治制度的影響

中國有長達二千多年的封建制度，自從漢代董仲舒提出“罷黜百家，獨尊儒術”以降，儒家學說成為中國文化發展的主流。然而由於孔孟學說被曲解，或被作不合理的引申而成為種種束縛人性的教條，嚴重地影響到社會的民主發展。

中國傳統社會一直以五倫及“三綱五常”為社會道德倫理的基本準則和規範。所謂五倫是指：君臣、父子、夫婦、兄弟、朋友，以此成為維持社會穩定、政權長存的主要因素。所謂“三綱”就是“君為臣綱，父為子綱，夫為妻綱”，以君、父、夫為這三種關係居支配地位。這正是中國傳統社會人與人之間的等級關係。所謂“五常”，乃指仁、義、禮、智、信五個道德範圍。“仁”者愛人，包括孝、悌、忠、恕、溫、良、恭、儉、讓等品格；“義”指明尊卑，處事合宜；“禮”指思想、言行和行為各種禮儀的制度和規範；“智”指判別是非之心；“信”指待人以誠。概括來說，就是要君使臣以禮，臣事君以忠，父對子要慈，子對父要孝。如果做到這樣，社會則能穩定，政權就會穩固。封建宗法制度以此作為道德規範，使人各安其位，各司其職，對鞏固社會秩序起着重要的作用。

清初的中國社會極為重視家族制度，這正是它的社會特點。這源自儒家的社會哲學，把家族組織和治國體制直接聯繫起來，即所謂“家齊而後國治”，無論是家族組織，還是社會的架構都是建基於嚴酷的等級制度。“五倫”就是最基本也是最根本的人際關係，不可有絲毫的逾越。強調等級的分別，即長幼有序，貴賤有別。社會的和諧完全取決於這幾方面關係的平衡，彼此融合，認為這樣才能維持社會的正常狀態。如管控理念一樣，這種倫理觀念形成特殊的社會狀態，讓每一個人都有他特定的地位和社會的角色。按照“每一樣東西都有它的位置”的人文主義原則，“每個人也都有他的位置”。簡而言之，社會各階層扮演着各自不同的角色，並在他們的地位從事其活動，作出應有的貢獻，以確保社會的秩序。在家族企業也是如此。

要從《紅樓夢》了解清初的社會特點及其家族企業的形成和發展，了解當時的“文化力度”與各方面的互動是十分必要的。從社會哲學的角度觀察，只有當你對維持社會和諧的要素有所了解，才能進一步解釋當時的社會現象。從《紅樓夢》的描述，我們可以看到傳統大家族當權者是高高在上的，例如每一次批核了請求，總是把對牌拋在地上，但這並沒有因此而產生甚麼磨擦。一個大家族的主子或他的代表把對牌拋在地上，作為奴婢的在主人面前下跪，感謝主子的恩典，然後把對牌收起。這象徵着對家庭權威的承認和服從，在國家層面也是如此。從儒家的觀點看，這只是一種表示尊重的形式，而不是一種屈辱的表現，從而體現出那種和諧的關係。然而，當王熙鳳同意為寧府辦理喪事，賈珍就親手把對牌交給她。這表現兄弟姐妹間地位較平等的關係。

儒家以家庭為社會的基礎，強調倫常的關係，五倫之中，三倫屬於家庭成員；強調家族制度根本關係是維持社會和諧的基本要素。這種獨特的社會功能是經過歷代家族成員和僕從經過長期磨合所共同形成的。這種相互依存互相尊重的關係逐步發展到較高的層面，成為一種管控的機制。

《紅樓夢》的社會背景及文化環境

一、傳統社會的宗法制度

傳統舊社會的身分等級制度，嚴分君與臣，士與庶，貴與賤，主與奴的界限，而在大界限之內又有許多小的界限，這就是所謂"天有十日，人有十等"。賈府作為一個傳統大家族，有其嫡庶分明，貴賤分明，主奴分明的傳統多妻制度。這制度雖然隨着時代而淡化，但這種傳統意識在現代社會還是存在的。

中國舊社會的宗法制度根深蒂固，一向維護着世襲統治制，它是由父系氏族社會家長制演變而來以血緣為基本的族制關係。其具體內容是：天子世世相傳，王位由嫡長子繼承，稱為天下的大宗，是同姓貴族的最高家長，也是政治上的共主，掌握國家的軍政大權，以至家族的繼承關係也是如此。簡而言之，宗法制度就是嫡長子繼承父位（大宗），庶子分封（小宗）。它在周代已經逐漸形成，它是在奴隸主貴族間為解決財產、權位而出現的一種制度，自此之後，無論是皇位，還是家族，一直維護着這種制度，以鞏固其政權、族權、神權、夫權的地位。

宗族是指血緣關係為紐帶並聚族而居的社會集團。各個宗族組織都實行父系嫡庶制和嫡長子繼承制，故《爾雅・釋親》中有："父之黨為宗族"之記載。在宗族內，男性族長對宗族的政治、經濟、宗教祭祀等方面有絕對的支配權，對整個宗族成員實行家長式的統治。

滿清雖是外族，當他們入主中國，還是以此為治國之道。《紅樓夢》不少地方都提到賈府眾子女都把四書作為兒童啟蒙必讀書，別說像薛寶釵被稱"女孔子"熟讀儒家經典，就是賈寶玉、林黛玉這些都讀過四書。儒家傳統是清代教育的不可或缺的課程。

二、妻與妾

傳統家族為延續後代，大多一夫多妻。妻是指婚姻延續中女子身分的稱謂。妻的身分在合法的婚姻中產生。妻在家庭中受夫權的支配，屬於從屬的地位。在一夫多妻的家族裏面，妻有嫡庶之分，一般稱前者為妻，後者為妾。嫡妻稱為正室，而妾則稱為側室、偏房、小妻。

所謂一夫多妻，正確地說，乃一夫一妻多妾。既是合法的，在當時的社會也是必要的。寧、榮兩府的男主人，“代”字輩都已去世，還有“幾位老姨奶奶，也有家裏的，也有外頭的”（第五十五回），可見賈代善是有幾個妾的。而“文”字輩當中，賈赦不必說了，鳳姐轉述賈母不滿賈赦的話“如今上了年紀，作甚麼左一個小老婆右一個小老婆放在屋裏，沒的耽誤了人家。放着身子不保養，官兒也不好生作去，成日家和小老婆喝酒。”（第四十六回）說出了賈赦廣蓄姬妾的情況。再說賈政，雖飽讀詩書，但也有趙姨娘和周姨娘。而“玉”字輩中，賈珍就有四個妾，賈璉已有一個平兒，還私娶尤二姐，賈赦還賞給他一個丫頭秋桐。賈珠死時不過二十歲，但李紈對平兒說：“想當初你珠大爺在日，何曾也沒兩個人？”（第三十九回）。總之，兩府的男主人，沒一個是不納妾的，而且最少有兩個。

在父系中心的宗法制度下，每個男子娶妻，首先是為了替自己的父系祖先增殖子孫。每個女子出嫁，都必須為丈夫承擔生孩子的義務。做妻子的必須容許丈夫納妾，同丈夫的妾搞好關係，甚至積極主動為丈夫納妾，這一切都是為子孫的繁衍，能這樣做在家庭在社會都被認為是賢慧的做法。

妻與妾兩者在家庭中的地位有很大的差別，作為妾只不過是妻的奴婢，在賈府的妾，都是沒有人身自由的家內女奴。有的本是丫頭，如平兒本是鳳姐的陪嫁丫頭，秋桐本是賈赦的丫頭，後來都作了賈璉的妾；有的是買來的，如薛蟠和馮淵爭買英蓮（香菱），一年後就成了他的"屋裏人"。一般來説，先娶妻而後納妾，但當時的情形卻不是這樣，薛蟠先買了香菱為妾，後才娶夏金桂為妻。賈寶玉尚未娶妻，而襲人已做了他的"屋裏人"。可見並非先入為妻後入為妾，必須明媒正娶才能成為合法的妻子。其次，雖身為妾，但其奴婢的身分並沒有改變，即使有了兒女，也不能改變其身分。第五十五回，趙姨娘欲為她的弟弟趙國基辦喪事，要得到正室王夫人的批准，才可領取銀子。和正室説話也只能站在一旁，決不可和正室平起平坐。在賈府同為妾，也有三個級別。最高級的是"二房"，如尤二姐；次等的妾是"姨娘"，如賈政的趙姨娘周姨娘，第三等是通房丫頭，如平兒、襲人等。

作為妾，其所生子女，即所謂庶出的子女，一律都以父親正式的妻子為嫡母，而以生身之母為庶母，即非正式的抬不到桌面上的母親。做妾的，只能算是代替正室懷孕，代替正室生兒育女而已，作妾的不應該把自己親生的子女看作自己的子女，卻應該看作"主母"的子女。庶出的子女也不應該把生身之母當作母親，只應該看作父親的一個妾，看作代替嫡母懷孕生育的人。而做妾的不應該有受歧視的怨恨，更不應該以這種怨恨感染親生子女，只應該自安本分，教育孩子自視與嫡母的孩子並無差別和隔閡。這方面的關係，我們可以從賈探春、賈環和趙姨娘的描寫看這種不正常的母子關係。趙姨娘不安分，做出超越她本分的事，曹雪芹就説她“辱親女愚妾爭閑氣”。做妾的既不被夫視作妻，又不被子女當作母，做為妾侍的處境是很悲哀的。

在第六十回裏，芳官同趙姨娘吵架時，一句話説得清清楚楚：“姨奶奶犯不着來罵我，我又不是姨奶奶家買的。‘梅香拜把子 —— 都是奴兒’呢！”所以祭祀祖先和家庭集宴，趙、周姨娘從來沒有資格參加。第三十八回，史湘雲在大觀園設螃蟹宴，連鴛鴦、琥珀、彩霞、彩雲、平兒這些跟隨主人來的丫頭都有兩席，就是沒趙姨娘她們的份，可見她們在賈府的地位是很低微的。

三、嫡出與庶出

在舊社會的宗法制度下，人是以血統、出身、門第來區分其尊卑貴賤的，所謂“妻妾不分則宗室亂，嫡庶不分則宗族亂”。同為賈家的子孫，有嫡出和庶出的區別。傳統制度下，所謂嫡出為正室所生，庶出則為妾所生。嫡出的地位要比庶出高得多。探春和賈環同是趙姨娘所生，為同母姐弟，與寶玉是異母兄妹，血統關係有親有疏。趙姨娘責備探春沒有照顧同母兄弟，探春就認為那是一種“陰微鄙賤的見識”（第二十七回）。她更不承認趙姨娘的弟弟趙國基是她的舅舅，説：“誰是我舅舅？我舅舅年下才升了九省檢點，那裏又跑出一個舅舅來？我倒素習按理尊敬，越發敬出這些親戚來了。既這麼說，環兒出去為甚麼趙國基又站起來，又跟他上學？為甚麼不拿出舅舅的款來？何苦來，誰不知道我是姨娘養的，必要過兩三個月尋出由頭來，徹底來翻騰一陣，生怕人不知道，故意的表白表白。也不知誰給誰沒臉？幸虧我還明白，但凡糊塗不知理的，早急了。"（第五十五回）又說："我只管認得老爺、太太兩個人，別人我一概不管。"（第二十七回）探春只以王夫人為母親，在當時的舊家族觀念來說是合情合理的，又是合法的。

但不管怎樣，庶出的子女總是遭到無理的冷遇和歧視。身為庶出的子女，不能以生母為母親，又不能從嫡母那裏得到母愛。迎春是庶出，邢夫人對她動輒訓斥、威嚇，出嫁後在夫家受盡折磨，舉家為之憤慨，惟邢夫人無動於衷，就是王夫人對她也是"面上冷冷的"。庶出的主子，連奴婢們也不予以尊重。不要說懦弱的迎春，自己的首飾被乳母偷去作賭本，乳母兒媳反而威脅她不要聲張；就連剛強有為的探春，在抄檢大觀園時，也被王保善家的撩起衣裙戲耍。庶出對於貴族子女的更嚴重的影響還在於婚姻上。鳳姐說了這一段話為庶出的探春感到可惜——

> 只可惜他命薄，沒托生在太太肚裏。……雖然庶出一樣，女兒卻比不得男人，將來攀親時，如今有一種輕狂人，先要打聽姑娘是正出庶出，多有為庶出不要的。（第五十五回）

賈環也是趙姨娘所生，比寶玉的地位就要低。賈環就曾經氣憤地說："我拿甚麼比寶玉呢。你們怕他，都和他好，都欺負我不是太太養的。"（第二十回）曹雪芹對他們的遭遇表現出無限的同情和不平。探春和賈寶玉談起這件事，作出憤慨的呼喊："姐妹弟兄跟前，誰和我好，我就和誰好，甚麼偏的庶的，我也不知道。"（第二十七回）表示他對宗法制度和舊倫理的沉痛抗議。

在傳統社會裏，妻以夫貴，女人嫁到甚麼樣的人家，決定她一生的命運。庶出子女的悲哀命運可想而知。迎春被嫁給"中山狼"，探春遠嫁他方，惜春出家，其處境是多麼悲涼。

四、男尊女卑

傳統社會倡導男尊女卑，認為在社會上和家庭中，男子的地位應高於女子，這是儒家倫理思想另一個方面。男尊女卑是傳統社會夫權、族權的具體體現，其影響一直延續到現在。時至今日，這種舊傳統，並沒有很大改變，不少家族企業也是如此。

對於子女另一個傳統觀念就是重男輕女，只有兒子有權繼承家族的財產。女兒在家族中始終是沒有甚麼地位。她們的成長也得不到應有的重視，所謂"女子無才便有德"，更埋沒不少有才能的女子。在曹雪芹筆下，一些有才情的女子卻得不到應有的教育而被埋沒，例如李紈就是其中的一個，她出身於名宦書香世家，一樣奉行女子讀書無用論——

> 這李氏亦係金陵名宦之女，父名李守中，曾為國子監祭酒，族中男女無有不誦詩讀書者。至李守中承繼以來，便說"女子無才便有德"，故生了李氏時，便不十分令其讀書，只不過將《女四書》、《列女傳》、《賢媛集》等三四種書，使他認得幾個字，記得前朝這幾個賢女便罷了，卻只以紡績井臼為要。（第四回）

又例如鳳姐聰慧，"因當家理事，每每看開帖並帳目，也頗識得幾個字。"（第七十四回）如果她有機會讀書，她的才華可以發揮得更好。像這樣富而且貴的寧、榮兩府，作為男兒只知揮霍，不思長進，作為女兒又被埋沒和歧視。這就造成家族的繼承危機。

五、主子與奴婢的關係

在傳統舊社會，家奴多來自貧苦人家，有的是被迫自賣為奴，有的因欠債被迫為奴。由於家奴被視為主人的財產，可以買賣和送人，在社會上完全沒有他們的地位。賈府的奴婢都是銀兩買來，不少是終生屬於賈府，以伏侍主人。正如襲人所說："當日原是你們沒飯吃，就剩我還值幾兩銀子，若不叫你們賣，沒有個看着老子娘餓死的理。"（第十九回）。襲人被賣給榮府簽的是"賣倒的契"，也就是永遠不能贖取的"死契"。如果不是"死契"，到時就可以贖取回家。如果父母在賈府做奴婢，所生的子女就成為當然的奴婢，叫做"家生子兒"。（第十九回）

奴婢得絕對服從分配和安排伏侍他的主人，盡心盡力照顧主人生活的一切。襲人“從小兒來了，跟着老太太，先伏侍了史大姑娘幾年，如今又伏侍了你幾年。”（第十九回），後來做了賈寶玉的“屋裏人”。奴婢絕對沒有人身的自由，鴛鴦本是伏侍賈母的，賈赦這個老頭可以要求賈母把鴛鴦讓給他做妾侍。雖然賈母反對，並不是因為賈赦的要求不合理不合法，而是賈母需要鴛鴦的伏侍。結果賈赦還是用八百兩銀子買了一個十七歲的女孩作為“屋裏人”。（第四十七回）

賈府各房均有各種伏侍主人的奴婢。有的伏侍他的起居飲食，有的負責家務，有的負責打掃等。林黛玉到了賈府，只帶了兩個人來，一個是奶娘王嬤嬤，一個是十歲的小丫頭，名喚作雪雁。賈母見雪雁甚小，王嬤嬤又極老，料黛玉皆不遂心，將自己身邊的一個二等丫頭鸚哥，給了黛玉。另外亦和迎春她們一樣，除自幼乳母外，另有四個教引嬤嬤，除貼身掌管釵釧盥沐兩個丫頭外，另有五、六個灑掃房屋來往使役的小丫頭（第三回）。

後來，寶玉和眾姐妹、林黛玉、薛寶釵她們都搬進大觀園居住。每處還增加兩個老嬤嬤，四個丫頭，除各人奶娘親隨丫鬟不算外，另有專管庭院收拾打掃的（第二十三回），可見賈府的家奴算也算不清。除了家裏的，還有外頭打理各種業務的。賈寶玉上學也有五個男僕做跟班。賈府對奴婢的攤派，各有各的規矩，各有各的職責。

不過，傳統大家族的主子對待奴婢有寬厚也有刻薄。賈府對家奴還是比較仁慈的。賈府也因為有這樣的奴婢的悉心照顧而使他們的生活顯得更加遂心，例如，賈母的丫頭鴛鴦，鳳姐的丫頭平兒，寶玉的襲人和晴雯等，都深得主人歡心和欣賞，獲得主子的關愛。看在主子分上，就是鳳姐對她們也客客氣氣，有說有笑。對那些伏侍過長輩的"媽媽"，賈府上上下下對她們特別尊重。賈母要為鳳姐做生日，賈府老的、少的、上的、下的都來了，而"賈母忙命拿幾個小杌子來，給賴大母親等幾個高年有體面的媽媽坐了。賈府風俗，年高伏侍過父母的家人，比年輕的主子還有體面，所以尤氏鳳姐兒等只管地下站着，那賴大的母親等三四個老媽媽告個罪，都坐在小杌子上了"（第四十三回）。做主子的知道尊重做奴婢的辛勞，而做奴婢懂得感謝主子的恩惠，才能造成一種和諧的關係和溫馨的家庭氣氛。這種做法，在意識形態上，與現代的家族企業管治也有相似之處。

賈府的人事關係是相當複雜的。奴婢在日常生活和家庭的運作上是起着極為重要的作用的。只有彼此互相信賴，合作無間，才能把家族的各個方面處理得井井有條。當然，主子對奴婢的信賴，奴婢要取得主子的信賴，是需要經過長時間的磨合和考驗的。這不只表現在她們的品格上，也表現在她們的能力上。例如對鳳姐來說，平兒就是她的一把總鑰匙。王夫人屋裏的彩霞，既老實，又精明，屋裏一應大小事兒都由她提點。鴛鴦更了不起，賈母稱讚她比惜春等還強。她侍奉賈母，還保管着賈母的財物，誰也不敢亂來，有些事還跟賈母論理。李紈就這麼說她："從太太起，哪一個敢駁老太太的回，現在他敢駁回。偏老太太只聽他一個人的話。”（第三十九回）要建立這樣的主僕關係是不容易的。寶釵說她們幾個都是百個裏頭挑不出一個來，妙在各人有各人的好處。

由於這些丫鬟在賈府這大家族中所起的重大作用，當然也就得到賈府主子的重視，把她們看作家族中的一分子。鳳姐也說：“殊不知別說庶出，便是我們的丫頭，比人家的小姐還強呢。”（第五十五回）襲人的母親病了，要回家看望。鳳姐答應了，還為她作了體面的安排，隨即命周瑞家的備大小車各一輛，與另一媳婦，帶兩個小丫頭，跟襲人同去。又叫襲人“穿幾件顏色好衣裳，大大的包一包袱衣裳拿着，包袱也要好好的，手爐也要拿好的。”（第五十一回）叫襲人臨走時，先來給她瞧瞧。襲人穿戴來了，鳳姐還怕她冷，又把自己的一件大毛襖子送給她。對一個女僕如此照顧周到，能不令人感動，能不為賈府盡心盡力？一個家族只有上下打成一片，才能保持和諧和發展。今天的家族企業管治也如是。

作為賈府的奴婢，也就是賈府的一分子，他必須全心全意為賈府服務，而賈府也有為他們的生活負有一定的責任。到了一定年齡，男要娶，女要嫁，賈府也得為他們安排。一般會在府內找合適的人選相配，但有時也會尊重他們的意願，例如鴛鴦發誓不嫁，便不相強。又如琥珀有病，便不為她選配。沒有丫頭相配的單身小伙子，便讓他們外頭自娶。賈府把他們的奴僕視為家族的一部分，對他們的生活也作出悉心的安排。今天很多的家族企業管治，也是十分着重這些人情關顧的。

賈府奴僕的去留，雖然可以贖回，但這種情況並不多。襲人的哥哥花自芳想把襲人贖回，但襲人因賈府上下對她都不錯，寶玉更對她格外照顧，她對哥哥説："如今幸而賣到這個地方，吃穿和主子一樣，又不朝打暮罵。"（第十九回）情願伏侍主人一輩子。當然襲人算是幸運的，但更多的是不幸的故事，有的因有違家規而被攆，有的因病而被趕。晴雯的命運就是作為一個家奴的不幸，她因為操勞而病倒，不但得不到照顧，終被趕出賈府，回到家裏慘然死去。玉釧的死、司棋的死，都可看到傳統家族對某些奴婢的無情和殘忍的一面。

在舊家族裏面，等級觀念是格外嚴厲的，並以一種嚴酷的意識和規條規範着、掣肘着。無論是身為主子，還是身為妻妾，身為子女，身為奴婢，都必須遵守這種嚴酷的傳統道德規條。任何違背這種道德觀念的做法，都會受到嚴厲的譴責和懲罰。

奴婢在家族的地位雖然卑微，但她們在家族中所起的作用是不可忽視的。只要有能力，將會得到主子的賞識和重用。作為家族企業，就須懂得如何用人，用人唯親並不一定是正確的做法，往往反而會橫行無忌而做出一些惡劣的行徑。這是家族企業管治者在處理家族成員架構所要面對的大考驗。

參考文獻

一、文獻

曹雪芹、高鶚著《紅樓夢》（上、下），中國藝術研究院紅樓夢研究所校注，北京，人民文學出版社，1996 年第二版。

端木蕻良著〈寫在蕉葉上的信〉，《曹雪芹》，北京，北京出版社，1980 年第一版。

馮邦彥著《香港華資財團 1841 – 1997》，香港，三聯書店（香港）有限公司，1997 年第一版。

胡適著《紅樓夢考證》，《胡適文存》第 1 集第 3 卷，台北，遠流出版事業股份有限公司 ，1986 年第一版。

林語堂著《吾國與吾民》，台北，遠景出版事業公司 ，1978 年。

黃惠德著〈香港製衣業總商會會長陳瑞球訪問記〉，《信報財經月刊》第 3 卷第 10 期，1979 年，頁 41 – 43。

黃天驥著〈大觀園裏的"女媧娘娘"—— 略談《紅樓夢》對探春形象的塑造〉，《古典文學論叢》第 2 輯，1981 年，頁 448 – 456。

王建忠主編《會計發展史》東北財經大學出版社，2007 年。

劉霞濤主編、黃德海著《台塑打造石化王國 —— 王永慶的管理世界》，台北，天下文化，2007 年。

魯迅著《中國小説的歷史變遷》，《魯迅全集》第 9 卷 ，北京 ，人民文學出版社，1981 年。

彭志憲著〈略論賈探春的經濟改革〉，《文學評論》叢刊第 5 輯，1980 年，頁 309 – 315。

司馬嘯青著《台灣五大家族》（上、下），台北 ，自立晚報，1987 年。

宋欣著〈試談探春形象的反封建傾向〉，《古典文學論叢》第 2 輯，1981 年，頁 457 – 474。

蘇興著〈王熙鳳雜話〉，《文學評論》叢刊第 5 輯，1980 年，頁 291 – 308。

曾國藩著《曾國藩家書》，北京，中國戲劇出版社，2001 年第一版。

張晏齊編著《華人十大富豪：他們背後的故事》，台北，大都會文化事業有限公司，2008 年初版。

泰羅（Taylor F. W.）著；胡隆昶、冼子恩、曹麗順譯《科學管理原理》北京，中國社會科學出版社，1984 年。

《欽定大清會典》商務印書館，光緒戊申年十一月。

〈霍英東基金重金獎精英〉文匯報 2008 年 9 月 30 日。

〈堅定改革不回頭　情牽南沙二十年〉文匯報 2006 年 11 月 7 日。

〈陳有慶的金融家族傳奇：緣繫香港〉
http://big5.huaxia.com/sw/szjy/2005/00303080.html

〈李惠森委員：家族企業怎樣基業長青〉

http://big5.xinhuanet.com/gate/big5/news.xinhuanet.com/misc/2008-03/13/content_7784309.htm

李文達著〈中華文化與民族企業的崛起——百年李錦記成長之路〉
http://news.tsinghua.edu.cn/new/xxygshow.php?id=1007

〈李運強——成就大事一言九鼎〉
http://www.takungpao.com/news/08/07/09/GW-930279.htm

〈李運強父子兵同創紙業王國〉，文匯報 2004 年 9 月 9 日。

〈高雄市的大家長〉http://www.kmuh.org.tw/intro/frankchen/

〈新鴻基地產與中大呈獻諾貝爾獎得獎學人講座——經濟學大師分析退休融資〉，（2008 年 11 月 29 日新聞稿）

http://www.shkp.com/zh-hk/scripts/news/news_press_detail.php?press_id=3825

〈徐有庠先生行誼〉http://www.feg.com.tw/yzhsu/tw/about/ceo.aspx

〈懸河飛瀑・川流不息——創辦人陳啟川先生行誼〉

http://www.kmu.edu.tw/intro/history/kmustory/book/2/documents/1-1-19.doc

〈一生何求——訪香港愛國實業家唐翔千〉
http://book.ewen.cc/books/bkview.asp?bkid=132524&cid=393511

〈中信泰富炒匯事件應按香港法規處理〉明報 2009 年 4 月 9 日。

〈國泰金控蔡宏圖蔡鎮宇兄弟共治〉聯合報 2009 年 2 月 5 日。

許秀惠著〈台灣首富蔡宏圖釋權蔡鎮宇掌權 / 國泰金控 14 天權變內幕〉《今周刊》第 634 期，頁 48－55。

許肇琳著〈陳弼臣與盤谷銀行：一個華人銀行家的成功道路〉

http://www.gzzxws.gov.cn/gzws/gzws/ml/40/200809/t20080912_7505.htm

Chan, K. H., A. Y. Lew and M. Y. J. Wu Tong. (2001). Accounting and management controls in the classical Chinese novel: A Dream of the Red Mansions. *The International Journal of Accounting*, 36: 311－327.

Hofstede, G. (1984). Cultural dimensions in management and planning. *Asia Pacific Journal of Management*, 1(2), 81－99.

Hofstede, G. (1991). *Cultures and Organizations: Software of the Mind*. London: McGraw-Hill.

Hofstede, G. (1998). *Masculinity and Femininity: the Taboo Dimension of National Cultures*. Thousand Oaks, CA: Sage Publications.

Hofstede, G. (2001). *Culture's Consequences*, 2nd edition. Beverly Hills, CA: Sage Publications.

Levinson, H. (1971). Conflicts that plague family business: Discord between father and son and other rivalries among relatives can paralyze the organization unless they are confronted. *Harvard Business Review*, 49(2), 90－98.

Redding, S. G. (1990). *The Spirit of Chinese Capitalism*. Berlin; New York: de Gruyter.

Taylor, F. W. (1998). *The Principles of Scientific Management*. Toronto; London: Dover Publications, Inc.

二、網站

陳智思 http://www.bernardchan.com/chi/personal.html

高雄醫學大學附設中和紀念醫院
http://www.kmuh.org.tw/intro/inc.asp?cid=0970418026

關於高醫 http://www2.kmu.edu.tw/front/bin/cglist.phtml?Category=5

郭得勝基金 http://www.shkp.com.hk/zh-hk/scripts/about/about_charity.php

國泰建設文教基金會 http://www.cathay-cultural.org.tw/P6.asp

李嘉誠基金會 http://www.lksf.org/big5/

李錦記 http://hk.lkk.com/Product/vcd_invention_c.asp

明志科技大學 http://www.mcut.edu.tw

邵逸夫獎 www.shawprize.org/b5/

台灣證券交易所 http://www.twse.com.tw/

田北辰 http://www.michaeltien.hk/page/Chi/profile.htm

香港聯合交易所有限公司 http://www.hkex.com.hk/

香港培華教育基金會 http://www.hkpeihua.com.hk

新鴻基地產 http://www.shkp.com

遠東集團 www.feg.com.tw/

元智大學 http://www.yzu.edu.tw/

三、香港、台灣上市公司年度報告

東方海外國際有限公司 2007 年報

東亞銀行 2007 年報

國泰金融控股股份有限公司 2007 年報

國泰世華商華銀行股份有限公司 2007 年報

海港企業有限公司 2007 年報

和記黃埔有限公司 2007 年報

恒基兆業地產有限公司 2007–2008 年報

恒生銀行有限公司 2007 年報

華南金融控股股份有限公司 2008 年報

美維控股有限公司 2007 年報

台灣水泥股份有限公司 2007 年報

香港電燈集團有限公司 2007 年報

永安國際有限公司 2007 年報

遠東紡織股份有限公司 2007 年報

長江實業（集團）有限公司 2007 年報